■コンピュータサイエンス教科書シリーズ **12**

人工知能原理（改訂版）

博士（工学） **加納 政芳**
博士（工学） **山田 雅之** 共著
博士（学術） **遠藤　守**

COMPUTER SCIENCE TEXTBOOK SERIES

コロナ社

コンピュータサイエンス教科書シリーズ編集委員会

編集委員長	曽和　将容	（電気通信大学）
編 集 委 員	岩田　　彰	（名古屋工業大学）
（五十音順）	富田　悦次	（電気通信大学）

（2007 年 5 月現在）

刊行のことば

　インターネットやコンピュータなしでは一日も過ごせないサイバースペースの時代に突入している。また，日本の近隣諸国もIT関連で急速に発展しつつあり，これらの人たちと手を携えて，つぎの時代を積極的に切り開く，本質を深く理解した人材を育てる必要に迫られている。一方では，少子化時代を迎え，大学などに入学する学生の気質も大きく変わりつつある。

　以上の状況にかんがみ，わかりやすくて体系化された，また質の高いIT時代にふさわしい情報関連学科の教科書と，情報の専門家から見た文系や理工系学生を対象とした情報リテラシーの教科書を作ることを試みた。

　本シリーズはつぎのような編集方針によって作られている。

（1）　情報処理学会「コンピュータサイエンス教育カリキュラム」の報告，ACM Computing Curricula Recommendations を基本として，ネットワーク系の内容を充実し，現代にふさわしい内容にする。

（2）　大学理工系学部情報系の2年から3年の学生を中心にして，高専などの情報と名の付くすべての専門学科はもちろんのこと，工学系学科に学ぶ学生が理解できるような内容にする。

（3）　コンピュータサイエンスの教科書シリーズであることを意識して，全体のハーモニーを大切にするとともに，単独の教科書としても使える内容とする。

（4）　本シリーズでコンピュータサイエンスの教育を完遂できるようにする。ただし，巻数の制限から，プログラミング，データベース，ソフトウェア工学，画像情報処理，パターン認識，コンピュータグラフィックス，自然言語処理，論理設計，集積回路などの教科書を用意していない。これらはすでに出版されている他の著書を利用していただきたい。

ii　　刊　行　の　こ　と　ば

（5）　本シリーズのうち「情報リテラシー」はその役割にかんがみ，情報系
　　　　だけではなく文系，理工系など多様な専門の学生に，正しいコンピュー
　　　　タの知識を持ったうえでワープロなどのアプリケーションを使いこな
　　　　し，なおかつ，プログラミングをしながらアプリケーションを使いこな
　　　　せる学生を養成するための教科書として構成する。

本シリーズの執筆方針は以下のようである。

（1）　最近の学生の気質をかんがみ，わかりやすく，丁寧に，体系的に表現
　　　　する。ただし，内容のレベルを下げることはしない。

（2）　基本原理を中心に体系的に記述し，現実社会との関連を明らかにする
　　　　ことにも配慮する。

（3）　枝葉末節にとらわれてわかりにくくならないように考慮する。

（4）　例題とその解答を章内に入れることによって理解を助ける。

（5）　章末に演習問題を付けることによって理解を助ける。

本シリーズが，未来の情報社会を切り開いていけるたくましい学生を育てる
一助となることができれば幸いです。

2006 年 5 月

編集委員長　曽和　将容

ま　え　が　き

　2017 年は，第 3 次人工知能ブームの中にある。

　人工知能（artificial intelligence，AI）という言葉が初めて使用された 1956年のダートマス会議から第 1 次 AI ブームが始まるが，マービン・ミンスキーが，ニューラルネットワークの最も基本的な「単層パーセプトロン」は線形分離不可能なパターンを識別できないことを示したことなどもあり，1970 年代中ごろには冬の時代を迎えることになる。

　その後，1980 年代になると，隠れ層をもつパーセプトロンはその問題を解決できること，ニューラルネットワークの学習アルゴリズム「誤差逆伝播法」が発見されたことから，第 2 次 AI ブームが到来する。この期間には，ニューラルネットワーク以外にもエキスパートシステムによる知識表現が隆盛し，わが国では第五世代コンピュータプロジェクトが推進されるなどの活況の中にあった。しかし，その状況も長くつづかず，およそ 7 年程度で再び冬の時代を迎えることになる。これにはさまざまな理由が考えられるが，その一つに，人工知能の構築に必要な大量のデータがなかったことが挙げられる。

　そして，その環境が 2010 年代に激変する。「ディープラーニング（深層学習）」の登場である。大量なデータと，それを処理するのに十分な能力を有するコンピュータが比較的容易に入手できるようになったことがきっかけで，高い精度の学習が可能になったのである。Google 社の AlphaGo が 2015 年 10 月に人間のプロ囲碁棋士に勝利したのは衝撃的な出来事である。現在われわれはこの渦中にいる。

　上述の人工知能の歴史は，ニューラルネットワークの視点から記したが，この期間，さまざまな人工知能アルゴリズムが研究されてきた。例えば，探索アルゴリズムは，第 1 次 AI ブームから脈々と研究され，近年では先ほどふれた

AlphaGo にも採用されているモンテカルロ木探索が注目を集めている。第2次AI ブームで脚光を浴びたエキスパートシステムでは比較的単純な知識表現構造が用いられていたが，現在では，文書の意味を形式化することでコンピュータによる自動的な情報収集や分析を行うセマンティック Web の研究が盛んに行われている。本書では，人工知能アルゴリズムの中でも特に，探索・ゲーム，機械学習，および知識表現・セマンティック Web 技術に焦点を絞り，平易な文章で解説する。また，読者の理解を助けるために，実際のプログラミングコードも掲載した。本書を読み，人工知能に興味をもち，さらなる勉学を進めるためのきっかけとなれば幸いである。

各章の執筆者はつぎのとおりである。

第 I 部「探索とゲーム」：山田

第 II 部「機械学習」：加納

第 III 部「知識表現」：遠藤

最後に，本書の出版の機会を与えてくださり，種々ご指導いただいた本シリーズの編集委員長 曽和将容 先生，担当編集委員 岩田　彰 先生，ならびにコロナ社には心から感謝申し上げます。

2017 年 9 月

加納　政芳

改訂にあたって

人工知能，機械学習は，技術革新も目覚ましく情報系の中心的立ち位置になりつつある。そこで本書の内容を見直し改訂することとなった。

すでに古くなってきている内容を刷新するとともに，4 章に粒子群最適化，新設した第 7 章にサポートベクターマシンならびに t-SNE について加筆することで，本書で取り扱う内容の充実を図った。

2024 年 7 月

加納　政芳

目 次

1 人工知能とその歴史

1.1 人工知能とは *1*

1.2 人工知能の歴史 *3*

第I部 探索とゲーム

2 探 索

2.1 状態空間のグラフ表現 *8*

2.2 深さ優先探索と幅優先探索 *10*

   2.2.1 深さ優先探索 *10*

   2.2.2 幅優先探索 *12*

   2.2.3 プログラム *13*

   2.2.4 深さ優先探索と幅優先探索の比較 *18*

2.3 ダイクストラ法 *20*

   2.3.1 プログラム *21*

   2.3.2 健 全 性 *24*

2.4 山 登 り 法 *26*

2.5 最良優先探索 *29*

2.6 A^* アルゴリズム *31*

   2.6.1 プログラム *33*

   2.6.2 健 全 性 *36*

   2.6.3 ヒューリスティック関数の精度・無矛盾性 *38*

vi　　目　　　　次

2.7　反復深化法と IDA^* ··· *39*

　　2.7.1　深さを閾値とした反復深化法 ······························· *39*

　　2.7.2　　　IDA^*　　　·· *41*

演　習　問　題 ·· *42*

3 ゲ　　　　ー　　　　ム

3.1　群論によるパズルの分析 ·· *44*

　　3.1.1　コマの並びの表現 ·· *45*

　　3.1.2　巡回置換による操作の表現 ································· *45*

　　3.1.3　等価な巡回置換 ·· *47*

　　3.1.4　偶置換・奇置換 ·· *48*

3.2　ヒューリスティック関数の設計 ····································· *49*

3.3　ゲ　　ー　　ム　　木 ·· *52*

3.4　AND–OR　　木 ·· *55*

3.5　証明数と反証数 ·· *56*

3.6　MINMAX　法 ·· *60*

　　3.6.1　局　面　の　評　価 ·· *61*

　　3.6.2　MINMAX 探索 ·· *63*

3.7　$\alpha\beta$　　　　　法 ·· *66*

3.8　ゲームプログラミングの進展 ······································· *71*

　　3.8.1　いろいろな手法 ·· *71*

　　3.8.2　パズルやゲームの解を求める試みの事例 ·················· *73*

演　習　問　題 ·· *77*

第Ⅱ部 機 械 学 習

4 進 化 的 計 算

4.1 遺伝的アルゴリズム ……………………………………………… 79

    4.1.1 選　　　択 …………………………………………………… 82

    4.1.2 交　　　叉 …………………………………………………… 84

    4.1.3 突 然 変 異 …………………………………………………… 86

    4.1.4 GA による探索の具体例 ……………………………………… 87

4.2 遺伝的プログラミング …………………………………………… 87

    4.2.1 選　　　択 …………………………………………………… 88

    4.2.2 交　　　叉 …………………………………………………… 89

    4.2.3 突 然 変 異 …………………………………………………… 89

4.3 差 分 進 化 ………………………………………………………… 90

4.4 粒 子 群 最 適 化 …………………………………………………… 93

4.5 対話型進化計算 …………………………………………………… 95

演 習 問 題 …………………………………………………………… 96

5 ニューラルネットワーク

5.1 ニューロンモデル ………………………………………………… 99

5.2 パーセプトロン …………………………………………………… 101

    5.2.1 誤り訂正学習法 ……………………………………………… 105

    5.2.2 誤差逆伝播法 ………………………………………………… 107

    5.2.3 誤差逆伝播法の導出 ………………………………………… 110

5.3 ディープラーニング ……………………………………………… 113

    5.3.1 たたみ込みニューラルネットワーク ……………………… 113

    5.3.2 技 術 的 補 足 ………………………………………………… 116

5.4 自己組織化マップ ………………………………………………… 119

viii　目　　　次

演 習 問 題 ··· *121*

6 強 化 学 習

6.1　強化学習の枠組み ································· *124*

6.2　TD　　学　　習 ································· *126*

6.3　　　SARSA　　　 ································· *134*

6.4　Q　　学　　習 ································· *137*

6.5　適格度トレース ································· *138*

演 習 問 題 ··· *140*

7 その他の機械学習アルゴリズム

7.1　サポートベクターマシン ························· *142*

　　7.1.1　ハードマージン最適化 ··················· *144*

　　7.1.2　ソフトマージン最適化 ··················· *147*

　　7.1.3　SVM の非線形化とカーネルトリック ······· *150*

7.2　　　t-SNE　　　 ································· *153*

　　7.2.1　　　SNE　　　 ························· *153*

　　7.2.2　　　t-SNE　　 ························· *156*

演 習 問 題 ··· *158*

第Ⅲ部　知　識　表　現

8 知 識 表 現

8.1　知識とその表現 ································· *159*

8.2　知識表現技法 ································· *160*

| | 目 次 | ix |

8.2.1　フ　レ　ー　ム ……………………………………………… *161*

8.2.2　意味ネットワーク ……………………………………… *163*

8.2.3　プロダクションルール ………………………………… *165*

8.2.4　ス ク リ プ ト ………………………………………… *167*

8.3　推　　　　論 ……………………………………………… *168*

8.3.1　フレームシステムにおける推論の事例 ……………… *168*

8.3.2　意味ネットワークによる推論の事例 ………………… *170*

8.3.3　プロダクションシステムによる推論の事例 ………… *171*

8.3.4　スクリプトによる推論の事例 ………………………… *172*

8.4　マークアップ言語とメタ言語 …………………………… *173*

8.4.1　　HTML ………………………………………………… *175*

8.4.2　　XML ………………………………………………… *178*

8.5　知識表現とその活用 ……………………………………… *180*

演 習 問 題 ………………………………………………………… *180*

9 セマンティック Web 技術

9.1　セマンティック Web 設計の原則と技術階層 ……………… *181*

9.2　ス キ ー マ 言 語 …………………………………………… *183*

9.2.1　　DTD ………………………………………………… *183*

9.2.2　XML Schema ………………………………………… *186*

9.3　Web におけるメタデータの活用事例 …………………… *191*

9.4　オ ン ト ロ ジ ー …………………………………………… *193*

9.4.1　　RDF ………………………………………………… *194*

9.4.2　　OWL ………………………………………………… *197*

9.5　セマンティック Web の応用事例 ………………………… *201*

9.5.1　Linked Open Data ………………………………… *201*

9.5.2　　SPARQL ……………………………………………… *203*

9.6　セマンティック Web の未来 ……………………………… *207*

演 習 問 題 ………………………………………………………… *210*

x　　目　　　　次

引用・参考文献……………………… *211*
索　　　　引……………………… *214*

※　本書の演習問題解答と解答プログラムは，下記 URL および二次元コードより入手できます。

https://www.coronasha.co.jp/np/isbn/9784339027235/

1 人工知能とその歴史

1.1 人工知能とは

　人工知能（artificial intelligence, **AI**）という用語は，1956 年に開催された国際会議「ダートマス会議」において，ジョン・マッカーシーによって提案された造語である。AI は，元来，機械（コンピュータ，ロボットなど）に人と同様の知能を人工的に実現させることを目的とした研究分野[†]であるが，現在では，ファイナンス，バイオインフォマティクス，音楽，エンターテイメントなど，多くの分野にも広く波及しており，学際的な分野となっている。学際的と称される AI の研究領域には具体的にどのようなテーマがあるだろうか。人工知能学会に投稿される論文の該当分野を以下に示す。

- 基礎・理論
- 機械学習
- データマイニング
- 知識の利用と共有
- Web インテリジェンス
- Web マイニング
- エージェント
- ソフトコンピューティング

[†] もう一つの側面として，人の知能のメカニズムを解明しようとする科学的な研究分野（認知科学の一分野）もある。

2　　1.　人工知能とその歴史

- 自然言語処理・情報検索
- 画像・音声
- ロボットと実世界
- ヒューマンインタフェース・教育支援
- AI 応用

　基礎・理論は，探索や知識表現，推論など，知的な情報処理を実現するための基礎的な研究分野である。機械学習は，明示的にプログラムしなくても学習する能力を機械に与える研究領域であり，基礎・理論と同様に AI の基礎的な分野である。

　それ以外の分野は，応用分野に大別される。データマイニングは，膨大なデータから有用な知識を発見するための研究である。知識の利用と共有では，機械内に蓄積されたデータをどのように扱うかを考える分野である。Web インテリジェンス，Web マイニングは，Web をより使いやすくする手法を研究する分野である。エージェントは，人の代わりに作業する機械（ソフトウェアも含む）をエージェントと呼び，エージェントに作業させるための技術やそのあり方を研究する分野である。ソフトコンピューティングは，扱いやすさや頑健性，時間的・メモリ空間的な低コストを実現するために，精密さを過度に求めることを避けた手法を検討する研究である。ニューラルネットワークや遺伝的アルゴリズム，遺伝的プログラミングなどの学習・探索手法をこの分野に含めることもある。自然言語処理・情報検索，画像・音声は，人が日常で使用するメディアを直接扱う研究である。ロボットと実世界は，人の代替として実際にロボットを用いて研究を進める分野である。ヒューマンインタフェース・教育支援は，人と機械が接するデバイス（インタフェース）をどのように設計するか，またインタフェースを通じた支援について検討する分野である。AI 応用は，先に述べたファイナンス，バイオインフォマティクス，音楽，エンターテイメントの他に，産業システム，社会システム，e–コマース，ヘルスケア，マルチメディア，ゲームなどの分野に AI を活用する応用研究分野である。

　本書では，応用分野にも広く活用可能な機械学習を含めた基礎分野について

概説することで，AIに関する基礎的な知識を得ることを目指す。

2章「探索」，3章「ゲーム」では，探索に関する知識を深める。探索とは，問題を解く場合にどのような順序で手続きを進めていけばよいかを決定することである。このような手続きが重要になる一つの分野にオセロや将棋といったゲームがある。4章「進化的計算」，5章「ニューラルネットワーク」，6章「強化学習」，7章「その他の機械学習アルゴリズム」では，機械学習について学ぶ。進化的計算は，生物の進化の過程を模してつくられたアルゴリズムで，確率的な探索手法とも学習手法ともいわれる。学習には，明示的な教示を与えて学習する教師あり学習，明示的な教示ではなく出力の善し悪しを与えて学習する強化学習，多数の例から共通の法則を導く教師なし学習などがある。8章「知識表現」，9章「セマンティックWeb技術」では，知識表現に関する理解を深める。知識表現とは，知識をどのような形式で蓄積し，利用するかを議論する分野である。知識表現は，古くはエキスパートシステムや自然言語処理のための知識の表現の基礎となっているが，最近注目されている研究としてセマンティックWebがある。セマンティックWebの目的は，インターネットでWebページを閲覧する際に，意味の疎通を付け加えることにある。

本書は，上記のように大きく三つの分野をカバーしている。特に2章から順に読み進める必要はないので，読者の興味のある分野から取り組んでいただきたい。

1.2　人工知能の歴史

AIに関する研究が学問分野として確立したのは，1956年のダートマス会議がきっかけである。本節では，1950年代から現在に至るまでのAIの歴史を俯瞰する。

1950年，アラン・チューリングが，機械が知能をもつかどうかを判定する尺度としてチューリングテストを提案した。また同年，クロード・シャノンによってチェスの最適手を検索するためのアルゴリズムであるMINMAX法が，アイザック・アシモフによってロボット三原則が公開された。その後，アーサー・サミュエルは，1952年に$\alpha\beta$法を用いたチェッカープログラムを，1955年にサ

4   1. 人工知能とその歴史

ミュエル自身のプレーを学ぶチェッカープログラムを開発した。1956年，アレン・ニューウェル，ハーバート・サイモンらは，数学の定理を証明するロジックセオリストを開発した。サミュエルのチェッカープログラム，もしくはニューウェルらのロジックセオリストが，最初の AI プログラムといわれている。1958年，ローゼンブラットが脳をモデル化したパーセプトロンを提案した。パーセプトロンは，機械に学習を行わせる研究の発端となり，1960年代に爆発的なニューラルネットワークブームを巻き起こすきっかけとなった。1950年代には，その他にも，ニューウェルとサイモンによって任意の形式化された記号問題を解くプログラム GPS（general problem solver）が（1957年），ジョン・マッカーシーによって LISP 言語が開発された（1958年）。このころは，ゲームプログラミングや記号処理に関する研究が盛んに行われていた。

　1960年に入ると，ダニエル・ボブロウが高校レベルの代数問題を解くプログラム STUDENT を開発した。つづいて，1965年，ジョセフ・ワイゼンバウムが ELIZA を開発した。ELIZA は，文字入力によって対話を行うインタラクティブなプログラムである。同年，エドワード・フェイジェンバウムが DENDRAL という有機化合物の分子構造を推定するためのソフトウェアを開発した。DENDRAL などの専門家のように振る舞うシステムはエキスパートシステムと呼ばれるが，DENDRAL はその最初の例である。同時期には，1963年のウラジミール・ヴァプニクらの報告によって線形サポートベクターマシンが，1966年のロス・キリアンらの報告によって意味ネットワークが広く知られるようになった（1966年）。そして，1969年，マービン・ミンスキーとシーモア・パパートによって，二層構造のパーセプトロンの認識限界を，さらにジョン・マッカーシーとパトリック・ヘイズが，有限の情報処理能力しかない機械は現実に起こりうる問題すべてに対処することができないことを示すフレーム問題を，提起した。これらがきっかけの一つとなって，AI は冬の時代を迎えることとなった。

　1971年，テリー・ウィノグラードによって画面上の「積み木の世界」に存在するさまざまな物体を言語入力によって動かすことができるシステム SHRDLU

が，さらに 1972 年，論理型言語 Prolog が開発された。Prolog は，LISP とならび AI 研究者に広く用いられているプログラミング言語である。また，1975年に，ジョン・H・ホランドによって遺伝的アルゴリズムが提案された。同年，マービン・ミンスキーによって，人の記憶や推論の認知心理的なモデルであるフレームが提起された。1979 年，ディープラーニングの先駆的研究として，福島邦彦がネオコグニトロンを発表した。このころの計算機の計算速度やメモリは，現代のものと比較して大きく劣っていた。例えば，1975 年に発売されたIBM 5100 ポータブルコンピュータは，CPU の動作周波数が 1.9 MHz，メモリが 16〜64 kiB（RAM），32〜64 kiB（ROM），本体の重量が 24 kg であった。このような計算機的な限界によって，理論上は実現可能でも実装不可能な問題も数多く存在した。

　1980 年代に入り，日本では 1982 年に述語論理による推論を高速実行する並列推論計算機とその OS を構築することを目標として，第五世代コンピュータプロジェクトが開始された（1992 年終了）。同年，ジョン・ホップフィールドによってホップフィールドネットワークが発表された。ホップフィールドネットワークは相互結合回路であり，ネットワークによる連想記憶モデルとして広く活用された。また，1986 年，デビッド・ラメルハートによって誤差逆伝播法が提案された†。誤差逆伝播法は，パーセプトロンの限界を解消するものであった。これらの提案によって再びニューラルネットワークが注目を集めることになった。1986 年には，ロドニー・ブルックスによってサブサンプション（包摂）アーキテクチャが提唱された。こうして 1980 年代は，ニューラルネットワークモデルを活用する研究者の割合が急速に増え，AI 研究が活況となった。

　1990 年，ジョン・コザによって遺伝的プログラミングが提案された。1992年，強化学習によって強くなるバックギャモンプログラム TD–Gammon がジェラルド・テザウロによって，非線形分類問題にも適用可能な特徴空間上で分離を行うサポートベクターマシンがヴァプニクらによって発表された。1997 年，チェスプログラム DeepBlue がチェスチャンピオンのガルリ・カスパロフに，

---

† 日本では，1967 年に甘利俊一が発表している。

6   1. 人工知能とその歴史

オセロプログラム Logistello がオセロチャンピオンの村上武に勝利した。また同年，第 1 回 RoboCup が開催され，その 2 年後の 1999 年，ペットロボット AIBO が発売された。1990 年代には，膨大なデータから有用な知識を発見するデータマイニングが誕生したり，インターネットが広く普及した。

　2000 年代に入ると，計算機の小型化や能力向上により，加速度的に研究が進み始める。2006 年，ジェフリー・ヒントンによってニューラルネットワークを多層に積み重ねても精度を損なわない手法が提唱された。ヒントンは，層数の多いニューラルネットワークを総称してディープネットワークと呼んだ。これがきっかけとなり，ディープラーニングの研究が活発となった。2007 年，アルバータ大学の研究グループによって，チェッカーにおいてプレーヤ双方が最善を尽くした場合，必ず引分けに至ることが証明された。2009 年，Google は自動車の自動運転技術の開発を開始した。2010 年，Microsoft は 3D カメラと赤外線検出機能を使用して人体の動きを追跡する Kinect を発表した。2011 年，Apple の Siri，Google の Google Now，Microsoft の Cortana などの，自然言語によって対話するスマートフォン向けアプリケーションが発表された。2012 年，物体の認識率を競う ILSVRC において，ジェフリー・ヒントンのチームがディープラーニングによって劇的な成果を挙げた。また，同年，Google のディープネットワークが YouTube の動画を学習し，猫を自動的に認識できたことを発表した。これらのディープラーニングの成果は，機械学習を専門とする AI 研究者らに衝撃を与えた。2015 年，囲碁プログラム AlphaGo がプロ囲碁棋士に勝利した。AlphaGo には，ディープラーニングと強化学習を組み合わせた学習アルゴリズムが，探索にはそれを融合したモンテカルロ木探索が採用されていた。2016 年，米シンシナティ大学の研究グループが開発した戦闘機操縦用プログラム ALPHA が，元米軍パイロットとの模擬空戦で勝利した。このプログラムには，遺伝的アルゴリズムとファジィ制御が用いられていた。同年，Google が LSTM とディープラーニングを用いた翻訳システムの運用を開始し，翻訳精度が劇的に向上した。2024 年現在は，ディープラーニングの登場により，空前の AI ブームが再来している。

第Ⅰ部 探索とゲーム

2 探　　　索

　以前，巨大迷路ゲームが流行ったことがある。はじめは入口にいて，出口を見つける単純なゲームであるが，うまくやらないと何時間も迷路に閉じ込められる。路を進むと分岐点が現れ，その分岐点でどの方向に進めばよいかはじめはわからないので，とりあえず一つの方向を決めて進んでみるが，その選択が正しくないとわかれば，元の分岐点で別の方向に進んでみる。このようなことを繰り返せば，必ず，出口が見つかる。**探索**とはこのようなプロセスのことであり，いろいろな可能性を試しながら，答えを見つける行為である。

　人工知能研究の初期の時代には，パズルなどの問題を解く，論理的な推論をする，計画を立てるなど，人が普段扱うタスクをコンピュータを用いた計算により解決する試みが盛んに行われた。パズルの解，推論，計画の解というのは，それぞれ，パズル操作の列，公理・推論規則の列，作業・動作などの列で表すことができる。探索はこのような解の候補を生成するために有効であり，汎用性の高い手法でもある。計算機パワーが高ければ，短時間で人よりも早くよい解を見つけ出すこともでき，それを「知的な振舞い」とする考え方もある。解析的に解決することが困難なタスクに対して，探索は一つの有効なアプローチであり，人工知能システムの構築のための重要な要素技術である。

　本章では，代表的な探索の手法を取り上げる。

2.1 状態空間のグラフ表現

探索はさまざまな種類の問題を解く手段として利用でき，特に，一般的な解法が知られていない問題に有効である．図 **2.1** は 8–パズルといい，初期状態と目標状態が与えられ，数字の付いたコマを空白にスライドさせながら，初期状態から目標状態までの手順を求めるという問題である．この 8–パズルの問題を探索により解く場合は，コマをスライドさせるという操作を繰り返して，初期状態である盤面から遷移可能な別の盤面の状態を生成していく．解を構成するのに十分な情報が得られるまでこれを行う．手順の長さなどを気にしないなら，初めて目標状態と等しい盤面が生成された時点で一つの解が得られる．一方，最短手順などを求めたい場合は探索の仕方に工夫が必要となる．

図 **2.1** 8–パズルの初期状態と目標状態

別の例として「ある要素がリストの中の何番目にあるか」という問題を考える．例えば 3, 5, 2, 9, 1, 4 のようなリストから 2 が何番目かを求める．最も単純な方法は**線形探索**と呼ばれるもので，リストの先頭から右へ一つずつずれながら要素を調べる探索方法である．この探索の過程も，上の 8–パズルのように，定められた操作を使って状態を生成しながら解を構成していると見ることができる．すなわち，現在調べているリストの位置を n とし，n の値を 1 増やすという操作を使って $n = 1$ の状態，$n = 2$ の状態，$n = 3$ の状態を順番に生成し，$n = 3$ の状態が生成されたとき，解がわかるのである．

ある問題を探索により解こうとする場合の基本的な手順は以下である．

1) 問題設定に基づいた操作により状態 s を生成
2) 状態 s が生成されたことにより解が構成できるなら終了，そうでないなら 1) へ戻る。

操作により関係づけられた状態の集合を**状態空間**（state space）という。その表現にはグラフを用いる。**グラフ**は**ノード**と**リンク**からなり，ノードは状態空間の中の一つの状態を表す。ある操作により状態 v，w が遷移可能ならノード v とノード w の間をリンクで結び，ノード v とノード w は**隣接する**という。v から w への向きでは遷移でき，w から v への向きでは遷移できないことを明示するときは，リンクに向きを付ける。すべてのリンクに向きが明示されている図 **2.2**（a）のようなグラフを**有向グラフ**という。

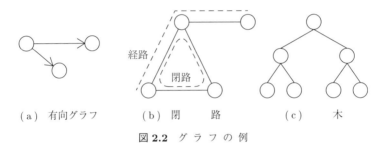

（a）有向グラフ　　（b）閉　路　　（c）木
図 **2.2** グラフの例

あるノードから隣接するノードをつぎつぎにたどったときに得られるリンクの系列を**歩道**といい，ある歩道の両端のノードが v，w で，かつ歩道上の両端以外のノードがすべてたがいに異なり，さらに v でも w でもない場合，この歩道を v と w の**経路**という。特に v と w が同一のノードである場合，この経路を**閉路**という（図（b））。閉路に一つの向きを定めるとき，その閉路を**循環路**という。グラフ内のすべての相異なるノード間に経路があるとき，そのグラフを**連結グラフ**といい，閉路がない連結グラフを**木**という（図（c））。木におけるリンクを**枝**と呼ぶ。

2.2 深さ優先探索と幅優先探索

2.2.1 深さ優先探索

図 2.3 のような迷路を考える。この図を見れば，簡単にスタート S からゴール G までの経路がわかるが，巨大迷路ゲームにおいては，このような全体地図はもらえない。プレーヤは巨大な壁に囲まれた通路しか見えない。このような状況において，偶然に頼らずゴールにたどり着くためには，プレーヤはつぎの情報を覚えておく必要がある。

（1） ある分岐点に来たとき，どの方向からその分岐点に侵入したか？

（2） 個々の分岐点において，どの方向を選択したか？

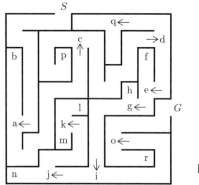

図 2.3 迷　路

分岐点に侵入したときや行止りとなったとき，どのような行動をとるかもあらかじめ決めておく。ここでは，つぎのようにする。

1) 侵入方向に向かって右，直進，左の順序で進行方向を選択する。
2) 分岐点のどの選択肢もゴールにたどり着かないとわかれば，その分岐点の侵入方向と逆向きに進む（すなわち，前の分岐点あるいはスタート地点に戻る）。
3) 行止りとわかれば，戻る。

準備ができたら，実際に迷路に挑戦してみよう。図 2.3 のスタート S からは

2.2 深さ優先探索と幅優先探索

最初は一本の道しかなく，初めて遭遇する分岐点は a である．ここで，矢印は侵入方向を表す．侵入方向に向かって右に進むと b で行止りとわかるので，分岐点 a に戻る．分岐点 a において，侵入方向に向かって直進できないので，つぎは左に進む．

ゴール G にたどり着くまでの過程を図 **2.4** のようなグラフで表す．このようなグラフを**探索木**という．一番上のノードを**ルート**といい，枝でつながった上下のノード間は**親子関係**にあり，また同じ親をもつノードは**兄弟関係**にある．子のないノードは**葉**という．ルートからの世代数を**深さ**といい，ルートの階層は深さ 0，その下の階層は深さ 1 と数え，図 2.4 の最下層は深さ 9 である．

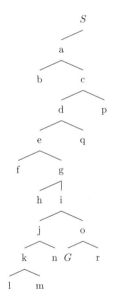

図 **2.4** 迷路の探索木

迷路における分岐点はノードに対応し，その分岐点における選択肢がそのノードから子ノードへの枝に対応する．上記のゴールを見つける手順は，現在のノードに子ノードがあれば，一つの子ノードを選択して一つ深さを増やすことを繰り返す．ただし，子ノードがないか，あるいはすべての子ノードの子孫にゴールがなければ，親ノードに戻って，他の子ノードを調べる．この方法は，可能なかぎり深く進もうとするので，**深さ優先探索**（depth first search）と呼ばれる．

2.2.2 幅優先探索

水差し問題というのがある。4リットルと3リットルの容器があり，2リットルを量る方法を求める問題である。つぎの操作が許されているとして，最小の操作回数で2リットルを量る手順を求めたい。

（1） 一つの容器に満杯になるまで水道から水を入れる。
（2） 一つの容器の水をすべて捨てる。
（3） 一つの容器に水が満杯になるまで，他の容器の水を移す。
（4） 一つの容器に他の容器の水をすべて移す。

容器の状態は（4リットル容器の水の量，3リットル容器の水の量）のように表す。例えば，初期状態は両方に水がない状態 (0,0) であり，4リットルの容器に操作（1）を行った後の状態は (4,0) である。2リットルが量れる状態はかっこ内の右側か左側が2になった状態 (∗,2), (2,∗) である。この状態になるまで，つぎのように可能な状態を調べていく。

まず，初期状態 (0,0) からは1回の操作で状態 (4,0), (0,3) に移る。つぎに，状態 (4,0) から1回の操作で移る状態を調べると (4,3), (0,0), (1,3) である。一方，状態 (0,3) から1回の操作で移る状態を調べると (4,3), (0,0), (3,0) である。よって計2回の操作では四つの異なる状態に移ることになる。同様に，3回の操作，4回の操作で移る状態を調べると，図 **2.5** のようになる。d は操作回数を表す。この図は同一の子ノードをもつ複数の親ノードがあるので，木ではないが，同じ状態であっても親が異なるときは異なるノードとして表現すれ

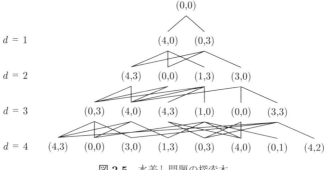

図 **2.5** 水差し問題の探索木

ば，木に変形できるので，ここでは探索木とみなす．

4回目の操作で初めてかっこの中に2が含まれる状態が得られている．初期状態 (0,0) からの経路は (0,0)，(0,3)，(3,0)，(3,3)，(4,2) であるので，求める最短の手順というのは，まず3リットル容器を満杯にし，それを4リットル容器に移し，再度3リットル容器を満杯にし，最後に4リットル容器が満杯になるまで3リットル容器の水を移す，という手順であり，3リットル容器に残る量は2リットルとなる．

このように，ある深さの可能な状態をすべて調べた後で，つぎの深さの状態を求める方法を**幅優先探索**（breadth first search）という．

2.2.3 プログラム

深さ優先探索と幅優先探索の理解をより深めるため，初期状態から目標状態までの経路を見つけるプログラムをつくることを考える．対象とするのは図 2.6 のようなグラフにより状態空間が表される問題とする．

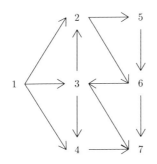

図 2.6 状態空間を表すグラフの例

図 2.6 のグラフでは，一つのノードに複数のノードから移動できたり，ノード 2，6，3 を通る循環路があることに注意する．一つのノード以降を複数回調べたり，循環路をループするような重複探索は無駄である．このような重複探索を回避しながら探索できるプログラムをつくるために，**オープンリスト**（open）と**クローズドリスト**（closed）という二つのリストを用いる．

あるノード n からその子ノードを生成することをノード n を**展開する**という．

14　　　2. 探　　　　　　　索

open にまだ子ノードを調べていないノード（未展開のノード）を入れ，*closed* にすでに子ノードを調べたノード（展開済みのノード）を入れる。はじめは，*open* には初期状態 S のノードを入れておき，*closed* は空にしておいて，下記の手順を繰り返す。

1) *open* の先頭要素 n を取り出し，*closed* に入れる。

2) n の子ノードのうち，*open* にも *closed* にも入っていないものを *open* に追加し，1) に戻る。

上記の手順 1) において，n が目標状態 G のノードであれば経路が見つかったことになる。また，*open* が空になったときに n が G のノードでなければ，S から G のノードまでの経路がないことがわかる。上記手順 2) において，n の子ノードを *open* の先頭に追加すると，新たに見つかったノードを優先して展開していくことになり，逆に後方から追加すると，先に見つかっていたノードを優先して展開することになる。すなわち，前者は深さ優先探索となり，後者は幅優先探索となる。

　実際に探索のプログラムをつくってみよう。ここでは C++ およびその標準ライブラリ STL を使って†，プログラムをできるだけ簡潔に記述することを心掛ける。まず，プログラム 2-1 のように，必要なヘッダファイルを読み込み，グローバル変数を宣言する。

──────── **プログラム 2-1** (C++STL の利用とグローバル変数宣言) ────────

```
 1   #include<iostream>
 2   #include<vector>
 3   #include<queue>
 4   #include<map>
 5   #include<algorithm>
 6   using namespace std;
 7
 8   //グローバル変数宣言
 9   const int MAX_V = 1000;    //最大頂点数
10   vector<int> graph[MAX_V];  //グラフの隣接リスト
11   int parent[MAX_V];   //親ノードの番号
12
```

───────────────

† 開発や動作確認には Visual Studio 2022 および g++ 13.2.0 を利用した。

2.2 深さ優先探索と幅優先探索　　15

　図 2.6 のグラフは，遷移可能な隣接ノードに関する**表 2.1** のようなデータで表現できる。これに従い，プログラム 2-2 のような隣接リストの構造を用いてグラフを表現する。

表 2.1 図 2.6 を表現するデータ

ノード	遷移可能な隣接ノード
1	2, 3, 4
2	5, 6
3	2, 4, 7
4	7
5	6
6	3, 7
7	

―――― プログラム **2-2** (グラフデータ) ――――

```
13   void gen_graph(){
14     //各ノードの子ノードを設定
15     graph[1] = vector<int>{ 2, 3, 4 };
16     graph[2] = vector<int>{ 5, 6 };
17     graph[3] = vector<int>{ 2, 4, 7 };
18     graph[4] = vector<int>{ 7 };
19     graph[5] = vector<int>{ 6 };
20     graph[6] = vector<int>{ 3, 7 };
21   }
22
```

　プログラム 2-3 に深さ優先探索のプログラム例を示す。*open, closed* の両リストには双方向キュー deque を用いている。また，初期状態から目標状態までの経路がわかるように，経路における一つ手前のノード，すなわち親ノードの番号を配列 parent に記録している。

―――― プログラム **2-3** (深さ優先探索) ――――

```
23   // 双方向キュー q に要素 n が含まれれば true を返す
24   bool include(deque<int>& q, int n){
25     return q.end() != find(q.begin(), q.end(), n);
26   }
27
28   void depth_first_search(int start, int goal){
29     deque<int> open({ start }), closed;
```

16　　2. 探　　　　　索

```
30
31    while (!open.empty()){   // open が空でない
32      // open の先頭要素を取り出す
33      int n = open.front(); open.pop_front();
34      if (n == goal)  return;
35
36      // n を closed に追加
37      closed.push_back(n);
38
39      // n の子ノードのリストを逆順にする
40      vector<int> L = graph[n];
41      reverse(L.begin(), L.end());
42
43      for (int m : L){   // n の各子ノード m について
44        // m が open にも closed にも含まれないとき
45        if (!include(open, m) && !include(closed, m)){
46          parent[m] = n;
47          // m を open の先頭に追加
48          open.push_front(m);
49        }
50      }
51    }
52  }
53
```

　プログラム 2-4 のようにすることで深さ優先探索を実行できる。なお，初期状態はノード 1，目標状態はノード 7 としている，また探索終了後，配列 **parent** の情報を使って経路を印字する。

────────── プログラム **2-4** (実行方法) ──────────

```
54  int main(){
55    gen_graph();
56    int start = 1, goal = 7;
57    depth_first_search(start, goal);
58
59    // start から goal までの経路を逆順で印字
60    int n = goal;
61    cout << n;
62    while (n != start){
63      n = parent[n];
64      cout << " <- " << n;
65    }
66    cout << endl;
67    return 0;
```

2.2 深さ優先探索と幅優先探索　　*17*

```
68   }
```

プログラムを実行したときの，n と *open*，*closed* の変化の様子を**表 2.2** に示す。最左列はステップ数であり，ノードはノード番号で表し，かっこ ( ) 内には経路における一つ手前のノードの番号を示す。

表 **2.2**　深さ優先探索での n，*open*，*closed* の変化

	n	*open*	*closed*
0		$[1]$	$[]$
1	1	$[2(1), 3(1), 4(1)]$	$[1]$
2	$2(1)$	$[5(2), 6(2), 3(1), 4(1)]$	$[1, 2(1)]$
3	$5(2)$	$[6(2), 3(1), 4(1)]$	$[1, 2(1), 5(2)]$
4	$6(2)$	$[7(6), 3(1), 4(1)]$	$[1, 2(1), 5(2), 6(2)]$
5	$7(6)$	$[3(1), 4(1)]$	$[1, 2(1), 5(2), 6(2)]$

5 ステップ目で，$n = 7(6)$ となるので，目標状態までの経路が見つかったことになる。その経路を知りたいときは $7(6)$ と *closed* 内にあるノードのかっこ内の番号をさかのぼればよく，見つかった経路は $7 \leftarrow 6 \leftarrow 2 \leftarrow 1$ である。

プログラム 2-5 は幅優先探索のプログラム例である。実行結果は**表 2.3** のようになり，経路 $7 \leftarrow 3 \leftarrow 1$ が得られる。

―――――――― プログラム **2-5** (幅優先探索) ――――――――

```
void breadth_first_search(int start, int goal){
  deque<int> open({ start }), closed;

  while (!open.empty()){  // open が空でない
    // open の先頭要素を取り出す
    int n = open.front(); open.pop_front();
    if (n == goal) return;

    // n を closed に追加
    closed.push_back(n);

    for (int m : graph[n]){  // n の各子ノード m について
      // m が open にも closed にも含まれないとき
      if (!include(open, m) && !include(closed, m)){
        parent[m] = n;
        // m を open の最後に追加
        open.push_back(m);
```

```
      }
    }
   }
}
```

表 2.3 幅優先探索での n, $open$, $closed$ の変化

	n	$open$	$closed$
0		[1]	[]
1	1	[2(1), 3(1), 4(1)]	[1]
2	2(1)	[3(1), 4(1), 5(2), 6(2)]	[1, 2(1)]
3	3(1)	[4(1), 5(2), 6(2), 7(3)]	[1, 2(1), 3(1)]
4	4(1)	[5(2), 6(2), 7(3)]	[1, 2(1), 3(1), 4(1)]
5	5(2)	[6(2), 7(3)]	[1, 2(1), 3(1), 4(1), 5(2)]
6	6(2)	[7(3)]	[1, 2(1), 3(1), 4(1), 5(2), 6(2)]
7	7(3)	[]	[1, 2(1), 3(1), 4(1), 5(2), 6(2)]

2.2.4 深さ優先探索と幅優先探索の比較

図 2.7 に深さ優先探索と幅優先探索で得られる探索木を示す．深さ優先探索（図 (a)）ではステップ数が少なくても深く探索できることがわかる．一般に，探索木の左側に目標状態に対応するノードがあれば，深さ優先探索は少ないステップ数でそのノードにたどり着く．一方，幅優先探索（図 (b)）では，深さ優先探索に比べ深さの浅いところで目標状態が見つかっており，得られる経路の長さはつねに最短のものである．また，必要なステップ数は目標状態の深さ

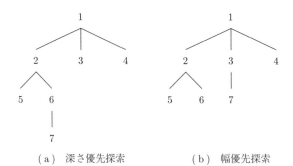

図 2.7 図 2.6 のグラフを深さ優先探索と幅優先探索で探索した場合の探索木

に依存し,浅ければステップ数は少ない.

つぎに,深さ優先探索と幅優先探索に必要な記憶容量を理解するため図 **2.8** のような探索木を考える.目標状態が 31 で,なおかつ 31 以外の葉ノードに子ノードがなければ,深さ優先探索でも幅優先探索でも図 2.8 のような探索木が生成される.この探索を行う過程でリスト $open$ の長さが最大になるのは,深さ優先探索の場合,ノード 8 を展開したときで,そのときの $open$ は [16, 17, 9, 5, 3] である.一方,幅優先探索の場合はノード 15 を展開したときに $open$ の長さが最大となり,そのときの $open$ は [16, 17, 18, 19, 20, 21, 22, 23, 24, 25, 26, 27, 28, 29, 30, 31] である.このことより,$open$ に必要な記憶容量は幅優先探索のほうが多いことが想像できる.一般に,枝分かれの数(分岐数)がすべてのノードにおいて b であり,目標状態のノードの深さが d であれば,$open$ に必要な記憶容量は深さ優先探索と幅優先探索の場合,それぞれ $(b-1)d+1 \approx bd$ と b^d である.閉路などがなく,$closed$ を使う必要がない場合は,記憶容量の面においては深さ優先探索のほうがよい.一方 $closed$ が必要な場合は,$closed$ に必要な記憶容量は展開したノードの数(ステップ数)であり,どちらの探索を用いたほうが少ない展開数で解が見つかるかは,対象とする問題に依存するので,比較が難しい.

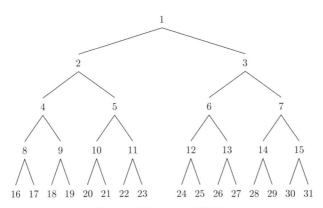

図 **2.8** 深さ 4 の二分探索木

2.3 ダイクストラ法

図 2.9 のようなグラフを考える。リンクに付いた数字はその両端のノード間の移動にかかるコストとする。コストを導入することにより，ある状態から目標状態までの経路で，コストが最小なもの（最適経路）を求める問題を扱うことができる。幅優先探索では経路の長さが最小のものが求まるが，これはすべてのリンクのコストを 1 とした場合の最適経路に相当する。コストを自由な値にできれば，それを経費や時間などに対応づけやすくなり，幅広い応用がある。

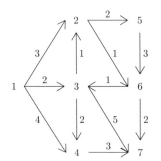

図 2.9 リンクにコストが付与されたグラフ

ダイクストラ法（Dijkstra's algorithm）は各リンクのコストの情報を利用してノードを評価し，初期状態から目標状態までの最適経路を求める探索手法の一つである。経路のコストを距離に例えるならば，この探索は初期状態のノードから距離の近いノードを順次見つけていく。ここで，リンクのコストは 0 以上の実数とし，経路のコストはその経路を構成するリンクのコストの総和とする。

初期状態のノードからあるノード n までの最適経路のコストを求める関数を $g(n)$ とする。$g(n)$ の値は，当然はじめはわからないが，探索の過程ですでに生成されたノードについては，$g(n)$ の上限値がわかる。この値を $\hat{g}(n)$ と表し，ダイクストラ法は $\hat{g}(n)$ をノードの評価値として利用する。

図 2.9 のグラフについて，ノード 1, 2, 3, 4 を展開したときの探索木を図 2.10（a）に示す。この時点ではノード 1 から 7 への経路は $1 \rightarrow 3 \rightarrow 7$ と

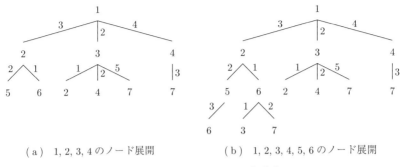

(a) 1, 2, 3, 4 のノード展開　　(b) 1, 2, 3, 4, 5, 6 のノード展開

図 **2.10**　図 2.9 のグラフの探索木

$1 \to 4 \to 7$ の 2 本が見つかっていて，経路のコストは共に 7 である．よってこの時点の $\hat{g}(7)$ の値は 7 である．$\hat{g}(7)$ は現時点でわかっている 7 へ至る最適経路のコストなので，探索をつづけても 7 より大きくなることはない．図 (b) には，さらにノード 5, 6 を展開したときの探索木を示す．新たに $1 \to 2 \to 6 \to 7$ の経路が見つかっていて，経路のコストは 6 である．よってこの時点では $\hat{g}(7) = 6$ である．このように n に至る経路が複数ある場合は，探索をつづけると $\hat{g}(n)$ の値は単調減少していく．一方，与えられた状態空間のグラフが木である場合は，n に至る経路は 1 本しかないので，n が探索の過程で初めて見つかった時点の $\hat{g}(n)$ の値が最適経路のコスト $g(n)$ である．

2.3.1　プログラム

ダイクストラ法はリスト *open* の中から，$\hat{g}(n)$ の値が最小であるノード n を取り出し，展開してその子ノード m を生成し，n は *closed* に入れる．m については，つぎのような処理を行う．なお，以下ではノード n と m を結ぶリンクのコストを $c(n, m)$ で表す．

1) m が *open* にも *closed* にも含まれていない場合

m に至る経路が初めて見つかった場合である．その経路は n を経由するので，m の評価値 $\hat{g}(m)$ をつぎの式 (2.1) のように計算し，m を *open* に追加する．

22   2. 探   索

$$\hat{g}(m) = \hat{g}(n) + c(n, m) \tag{2.1}$$

2) m が $open$ に含まれている場合

つぎの式 (2.2) が成り立つ場合，初期状態から m に至る経路で，そのときまでに見つかっているものよりコストの小さい経路が見つかったことになるので，$\hat{g}(m)$ を $\hat{g}(n) + c(n, m)$ に更新する。

$$\hat{g}(n) + c(n, m) < \hat{g}(m) \tag{2.2}$$

この手順に従って，プログラムをつくってみよう。まず，$\hat{g}(n)$ のデータを記録するために，プログラム 2-6 のようにグローバル変数 g を追加する。プログラム中では '^' は省略している。

───────── プログラム 2-6 (グローバル変数 g の追加) ─────────

```
… (略)
int g[MAX_V];        //g(n)    ('^' は省略)
```

また，リンクのコストを設定するために，プログラム 2-2 をプログラム 2-7 のように修正する。

───────── プログラム 2-7 (リンクのコストの設定) ─────────

```
typedef pair<int, int> Link;  //リンクの型 Link の定義
map<Link, int> cost;          //リンクのコストに関する連想配列

//Link を返す
Link link(int a, int b){ return make_pair(a, b);}

void gen_graph(){
  //各ノードの子ノードを設定
  graph[1] = vector<int>{ 2, 3, 4 };
  … (略)

  //各リンクのコストを設定
  cost[link(1, 2)] = 3;  cost[link(1, 3)] = 2;  cost[link(1, 4)] = 4;
  cost[link(2, 5)] = 2;  cost[link(2, 6)] = 1;
  cost[link(3, 2)] = 1;  cost[link(3, 4)] = 2;  cost[link(3, 7)] = 5;
  cost[link(4, 7)] = 3;
  cost[link(5, 6)] = 3;
  cost[link(6, 3)] = 1;  cost[link(6, 7)] = 2;
}
```

```
//Link(a,b) のコストを返す
int c(int a, int b){
  Link l(a, b);
  if (cost.find(l) != cost.end()) return cost[l];

  return INT_MAX; //+∞を返す
}
```

プログラム 2-8 はダイクストラ法のプログラム例である。初期状態のノード start の評価値 g[start] は 0 にしておく。open は各要素の g の値に基づいてソートする。

──────── プログラム **2-8** (ダイクストラ法) ────────

```
void dijkstra_algorithm(int start, int goal){
  deque<int> open({ start }), closed;
  g[start] = 0;

  while (!open.empty()){  // open が空でない
    // open の先頭要素を取り出す
    int n = open.front(); open.pop_front();
    if (n == goal) return;

    // n を closed に追加
    closed.push_back(n);

    // n の子ノードのリストを逆順にする
    vector<int> L = graph[n];
    reverse(L.begin(), L.end());

    for (int m : L){  // n の各子ノード m について
      // m が open にも closed にも含まれないとき
      if (!include(open, m) && !include(closed, m)){
        g[m] = g[n] + c(n, m);
        parent[m] = n;
        // m を open の先頭に追加
        open.push_front(m);
      }
      // m が open に含まれるとき
      else if (include(open, m)){
        if (g[n] + c(n, m) < g[m]){
          g[m] = g[n] + c(n, m);
          parent[m] = n;
        }
```

24   2. 探　　　　　索

```
    }
  }
  // g(n) を基準に open をソート
  sort(open.begin(), open.end(),
              [](int a, int b){ return g[a] < g[b]; });
  }
}
```

図 2.9 のグラフを対象としてダイクストラ法のプログラムを実行したときの，
n と *open*, *closed* の変化の様子を**表 2.4** に示す。ただし，ノードはノード番号で
表し，かっこ ( ) 内の第 1 要素は経路における一つ手前のノードの番号，第 2 要素
はそのノードの評価値 $\hat{g}(n)$ の値を表す。なお，初期状態のノード 1 については
かっこを省略する。また，*open* は $\hat{g}(n)$ を基準としてソートされたものを示す。

表 2.4　ダイクストラ法での n, *open*, *closed* の変化

	n	*open*	*closed*
0		$[1]$	$[]$
1	1	$[3(1,2), 2(1,3), 4(1,4)]$	$[1]$
2	$3(1,2)$	$[2(1,3), 4(1,4), 7(3,7)]$	$[1, 3(1,2)]$
3	$2(1,3)$	$[6(2,4), 4(1,4), 5(2,5), 7(3,7)]$	$[1, 3(1,2), 2(1,3)]$
4	$6(2,4)$	$[4(1,4), 5(2,5), 7(6,6)]$	$[1, 3(1,2), 2(1,3), 6(2,4)]$
5	$4(1,4)$	$[5(2,5), 7(6,6)]$	$[1, 3(1,2), 2(1,3), 6(2,4), 4(1,4)]$
6	$5(2,5)$	$[7(6,6)]$	$[1, 3(1,2), 2(1,3), 6(2,4), 4(1,4), 5(2,5)]$
7	$7(6,6)$	$[]$	$[1, 3(1,2), 2(1,3), 6(2,4), 4(1,4), 5(2,5)]$

ノード 7 からかっこ内の第 1 要素をたどっていけば最適経路である $7 \leftarrow 6 \leftarrow$
$2 \leftarrow 1$ が得られる。また，そのコストはノード 7 の第 2 要素である 6 である。

2.3.2　健　　全　　性

アルゴリズムが正しい結果を導くとき，そのアルゴリズムは**健全**であるとい
う。ダイクストラ法は最適経路を必ず見つけることができるように設計されて
おり，この健全性はつぎのように証明できる。

まず，あるノード n_1 が *open* の中で最小の評価値をもつとき，その評価値
$\hat{g}(n_1)$ は初期状態 S からノード n_1 までの最適経路のコストであること，すな

わち $\hat{g}(n_1) = g(n_1)$ であることを確認する。

n_1 が open にあることから，S から n_1 までの経路が存在する．なぜなら，open の中のノードはすべて，その時点までに得られた探索木の葉ノードであり，S はその探索木のルートだからである．いま，open の中に $n_1, n_2, \cdots, n_k$ があり

$$\hat{g}(n_1) \leqq \hat{g}(n_2) \leqq \cdots \leqq \hat{g}(n_k)$$

であるとする．$\hat{g}(n_1)$ の値が更新されるのは，探索を進めたときにノード n_i ($i = 1 \sim k$) とその子孫からなる部分木 t に再び n_1 が現れ（図 **2.11**），つぎの条件が満たされたときである．

$$\hat{g}(n_1) > \hat{g}(n_i) + (部分木\ t\ の中の\ n_i\ から\ n_1\ の経路コスト)$$

しかし，$\hat{g}(n_1) \leqq \hat{g}(n_i)$ であるので，この条件式が満たされることはない．よって，$\hat{g}(n_1)$ の値が減少することはない．これは，S から n_1 までの経路のうち，n_1 が open の中で最小の評価値をもつときの $\hat{g}(n_1)$ の値より，小さいコストをもつ経路がないことを意味するので，$\hat{g}(n_1)$ が S から n_1 までの最適経路のコスト $g(n_1)$ である．

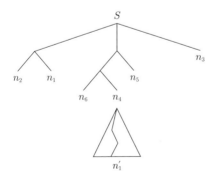

図 **2.11** ダイクストラ法における探索木

初期状態から目標状態 G への経路があるなら，$g(n) < g(G)$ となるノード n がすべて open から取り出されたとき，$n_1 = G$ となり，そのときの $\hat{g}(G)$ は $g(G)$ と等しいので，その経路が求める最適経路である．

2.4 山登り法

山登り法 (hill climbing) は，ノード n から目標状態のノードへ至る最適経路のコスト $h(n)$ に基づいた探索である．すなわち，初期状態のノードから n に至るまでにかかるコストは無視し，n から目標状態のノードまでのコストのみを考慮して探索を進める．$h(n)$ の値があらかじめわかるものなら，初期状態から順に，隣接するノード n の中で $h(n)$ の値が最小のものを選んでいけば最適経路もわかる．しかし，実際には $h(n)$ の値は，ダイクストラ法などを用いて n から目標状態のノードまでの最適経路の探索を行った後，はじめてわかるものである．そのため，$h(n)$ の代わりに，$h(n)$ の推定値である $\hat{h}(n)$ を用いる．推定値を求める関数 $\hat{h}(n)$ は，経験的に，あるいはなんらかの理由で妥当であろうと思われるように定める．このように，証明は難しいが，うまくいくような経験則などを使った手法を**ヒューリスティック** (heuristic) といい，$\hat{h}(n)$ のような関数を**ヒューリスティック関数**という．

図 **2.12** のグラフには，初期状態をノード 1，目標状態をノード 7 と想定したときの $\hat{h}(n)$ の値の設定例を示す．図中，ノードのそばのかっこ内に示した値が各ノードの $\hat{h}(n)$ の値である．この値は，ノードの図形的配置などを参考にして筆者が適当に付けたものである．ただしノード 7 については，目標状態なので正しい値 $\hat{h}(7) = h(7) = 0$ を付ける．

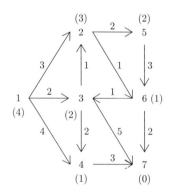

図 **2.12** ノードに $\hat{h}(n)$ が付与されたグラフ

2.4 山 登 り 法 **27**

山登り法は現在のノードを展開して得られる子ノードの中で $\hat{h}(n)$ の一番小さいものを選択し，それを *open* に入れ，つぎのステップでそのノードを展開する。*open* に入れるのは一つのノードのみであるため，目標状態のノード以外でかつ子ノードのないノードに到達すれば，探索は失敗に終わる。また，生成された子ノードがすでに *closed* に入っているかはチェックしない。このため，循環路をループする場合もある。深さ優先探索と同様に，見つかった経路は最適経路である保証はない。

山登り法のプログラムをつくってみよう。まず，$\hat{h}(n)$ の値を指定するためのグローバル変数 h をプログラム 2-9 のように追加する。プログラム中では '^' は省略する。

```
─────────── プログラム 2-9 (グローバル変数 h の追加) ───────────
… （略）
int h[MAX_V];        //h(n)   ('^' は省略)
```

また，$\hat{h}(n)$ の値をプログラム 2-10 のように設定する。

```
─────────── プログラム 2-10 (h の設定) ───────────
void gen_graph(){
  //各ノードの子ノードを設定
  graph[1] = vector<int>{ 2, 3, 4 };
  … （略）

  //各リンクのコストを設定
  cost[link(1, 2)] = 3;  cost[link(1, 3)] = 2;  cost[link(1, 4)] = 4;
  … （略）

  //各ノードの h(n) を設定
  h[1] = 4;  h[2] = 3;  h[3] = 2;  h[4] = 1;
  h[5] = 2;  h[6] = 1;  h[7] = 0;
}
```

プログラム 2-11 は山登り法のプログラム例である。山登り法では目標状態へ至る経路が見つからない場合もあるので，見つかった場合は true を返し，そうでない場合は false を返す。したがって，実行する場合はプログラム 2-12 のようにすればよい。

28   2. 探　　　　　索

―――――――― プログラム **2-11** (山登り法) ――――――――

```
bool hill_climbing(int start, int goal){
  deque<int> open({ start }), closed;

  while (!open.empty()){  // open が空でない
    // open の先頭要素を取り出す
    int n = open.front(); open.pop_front();
    if (n == goal)  return true;

    // n を closed に追加
    closed.push_back(n);

    // n の子ノードがないとき
    if (graph[n].empty()) return false;

    // n の子ノード n' の中で h(n') が最小である n' を m とする
    int m = *min_element(graph[n].begin(), graph[n].end(),
                         [](int a, int b){ return h[a] < h[b]; });

    parent[m] = n;
    // m を open の先頭に追加
    open.push_front(m);
  }
  return false;
}
```

―――――――― プログラム **2-12** (山登り法のプログラム実行方法) ――――――――

```
int main(){
  gen_graph();
  int start = 1, goal = 7;
  if(!hill_climbing(start, goal))
    return 0;
  // start から goal までの経路を逆順で印字
  … (略)
}
```

　図 2.12 のグラフについて，初期状態をノード 1，目標状態をノード 7 として，プログラムを実行したときの，n と *open*, *closed* の変化の様子を**表 2.5** に示す。ただし，ノードはノード番号で表す。また，かっこ ( ) 内の第 1 要素は経路における一つ手前のノードの番号を表し，第 2 要素は評価値 $\hat{h}(n)$ を表す。なお，初期状態のノード 1 についてはかっこを省略する。

2.5 最良優先探索   *29*

表 **2.5** 山登り法での n, $open$, $closed$ の変化

	n	$open$	$closed$
0		$[1]$	$[]$
1	1	$[4(1,1)]$	$[1]$
2	$4(1,1)$	$[7(4,0)]$	$[1, 4(1,1)]$
3	$7(4,0)$	$[]$	$[1, 4(1,1)]$

　この例では探索は成功し，長さが 2 の経路 $7 \leftarrow 4 \leftarrow 1$ が見つかった。経路の長さは最も短いが，その経路のコストは 7 であり，最適経路ではない。この結果より，最初に設定した $\hat{h}(n)$ の値は経路の長さの推定値としてはよいかもしれないが，経路のコストの推定値としてはうまく機能しなかったことになる。

2.5 最良優先探索

　最良優先探索（best first search）は山登り法と同様，ノード n から目標状態までのコストの推定値 $\hat{h}(n)$ を用いる探索である。山登り法では，あるノードを展開したときの子ノードの中から，$\hat{h}(n)$ の最小のものを選んで探索を進めた。これに対し，最良優先探索はすでに生成したノードのうち未展開のもの，すなわち現在わかっている最大の探索木の葉ノードから $\hat{h}(n)$ が最小のものを選んで探索を進める。未展開のノードを選んでいくので，山登り法と異なり循環路に陥ることはなく，状態数が有限で，目標状態までの経路が 1 本以上存在するなら，必ずいずれかの経路は見つかる。しかしながら，未展開のノードを選ぶとき，そのノードに至る経路のコストについては考慮しないので，山登り法と同様に最適経路が得られる保証はない。

　プログラム 2-13 は最良優先探索のプログラム例である。これは $open$ に入っているノードの中で $\hat{h}(n)$ が最小のものを選んで展開する。また，展開して生成される子ノードは $open$ にも $closed$ にも入っていなければ，$open$ に入れる。

──────── プログラム **2-13** (最良優先探索) ────────

```
void best_first_search(int start, int goal){
  deque<int> open({ start }), closed;
```

```
while (!open.empty()){   // open が空でない
  // open の先頭要素を取り出す
  int n = open.front(); open.pop_front();
  if (n == goal)  return;

  // n を closed に追加
  closed.push_back(n);

  // n の子ノードのリストを逆順にする
  vector<int> L = graph[n];
  reverse(L.begin(), L.end());

  for (int m : L){   // n の各子ノード m について
    // m が open にも closed にも含まれないとき
    if (!include(open, m) && !include(closed, m)){
      parent[m] = n;
      // m を open の先頭に追加
      open.push_front(m);
    }
  }
  // h(n) を基準に open をソート
  sort(open.begin(), open.end(),
              [](int a, int b){ return h[a] < h[b]; });
}
```

図 2.13 のグラフについて，初期状態をノード 1，目標状態をノード 7 として，プログラム 2-13 を実行したときの n と *open, closed* の変化の様子を**表 2.6** に示す．ただし，ノードはノード番号で表す．また，かっこ ( ) 内の第 1 要素は

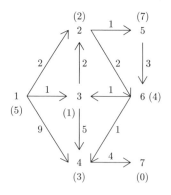

図 2.13 ノードに $\hat{h}(n)$ が付与されたグラフ

表 2.6 最良優先探索での n, $open$, $closed$ の変化

	n	$open$	$closed$
0		[1]	[]
1	1	[3(1,1),2(1,2),4(1,3)]	[1]
2	3(1,1)	[2(1,2),4(1,3)]	[1,3(1,1)]
3	2(1,2)	[4(1,3),6(2,4),5(2,7)]	[1,3(1,1),2(1,2)]
4	4(1,3)	[7(4,0),6(2,4),5(2,7)]	[1,3(1,1),2(1,2),4(1,3)]
5	7(4,0)	[6(2,4),5(2,7)]	[1,3(1,1),2(1,2),4(1,3)]

経路の一つ手前のノードの番号を表し，第 2 要素は評価値 $\hat{h}(n)$ を表す。なお，初期状態のノード 1 についてはかっこを省略する。また，$open$ は $\hat{h}(n)$ の値を基準にソートされたものを示す。結果として，長さが 2 の経路 $7 \leftarrow 4 \leftarrow 1$ が得られる。この経路のコストは 13 であり，最適経路ではない。一方，図 2.13 のグラフを山登り法で探索した場合，子ノードの中で $\hat{h}(n)$ が最小のものをたどるので，$1 \to 3 \to 2 \to 6 \to 3 \to 2 \to 6 \to \cdots$ のように進んで循環路に陥ってしまい，停止しない。

2.6 A^* アルゴリズム

A^* **アルゴリズム**（A star algorithm）は最適経路を求める探索手法で，かつヒューリスティックを用いて探索の効率化を図るものである。

A^* アルゴリズムではつぎのような関数 $f(n)$ を用いてノードを評価する。

$$f(n) = \hat{g}(n) + \hat{h}(n) \tag{2.3}$$

$\hat{g}(n)$ はその時点でわかっている初期状態から n までの最適経路のコストであり，$\hat{h}(n)$ はノード n から目標状態までの最適経路のコストの推定値である。ただし，$\hat{h}(n)$ はつぎの条件を満たすものとする。

$$0 \leqq \hat{h}(n) \leqq h(n) \tag{2.4}$$

すなわち推定値 $\hat{h}(n)$ は，0 以上でかつ真のコスト $h(n)$ 以下とする。

A^* アルゴリズムの処理手順は，ダイクストラ法や最良優先探索と同様に，評価値が最小なノードを展開していく．すなわち，$open$ の中から $f(n)$ の値が最小であるノード n を取り出し，n が目標状態ならば終了する．そうでなければ，n を展開して子ノード m を生成し，n は $closed$ に入れる．n の子ノード m が $open$ にも $closed$ にも入っていなければ，m を $open$ に追加する．

図 2.14（a）のグラフをこの手順で探索してみよう．初期状態はノード 1 で目標状態はノード 4 とする．まず，ノード 1 を展開すると子ノード 2, 3 があり，これらが $open$ に入る．それぞれの評価値は $f(2) = \hat{g}(2) + \hat{h}(2) = 1 + 5 = 6$, $f(3) = \hat{g}(3) + \hat{h}(3) = 3 + 1 = 4$ となる．$\hat{g}(n)$ の値だけ見ればノード 2 のほうが小さいが，$\hat{h}(n)$ を含めて比較するとノード 3 のほうが評価値が小さいので，つぎに展開されるのはノード 3 であり，その子ノード 4 が $open$ に入る．ノード 4 の評価値は $f(4) = \hat{g}(4) + \hat{h}(4) = 5 + 0 = 5$ であり，ノード 2 の評価値 6 より小さいので，つぎに $open$ から取り出されるのは目標状態のノード 4 であり，処理は終了する．一方，図（b）のグラフの場合は先にノード 2 が選択される．これは，$\hat{h}(2)$ が過大評価されている（小さすぎる）からである．このように，A^* アルゴリズムでは，n から目標状態までの経路の推定値 $\hat{h}(n)$ が適切に評価されている場合に効率的に探索できる．

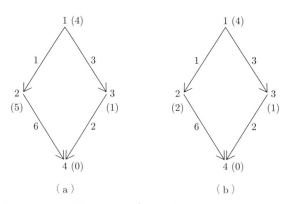

図 2.14 （b）に比べ（a）の $\hat{h}(2)$ は実際のコスト 6 に近い値が設定されていて探索が効率的に行える

2.6 A^*アルゴリズム

ダイクストラ法で用いた$\hat{g}(n)$の値は，$closed$に入った時点でnまでの最適経路のコスト$g(n)$と等しくなり，それ以後減少することはなかった．しかしながら，$f(n)$は推定値$\hat{h}(n)$の値も含めるので，$closed$に入った時点での$f(n)$の値が最小とはかぎらない．このため，上記の処理だけでは，最適経路が見つからない場合がある．これを図 **2.15** のグラフを例にして確認する．初期状態はノード1，目標状態はノード4とする．ノード1を展開し，$open$にはノード2, 3が入る．$f(2) = 6$, $f(3) = 4$なので，ノード3がつぎに展開されて$closed$にノード3が入り，$open$にはノード4が入る．$f(4) = 9$であり，$f(2) = 6$のほうが小さいので，つぎにノード2が展開され，ノード3が生成されるが，$closed$にすでに3があるので，$open$には追加せず，つぎに$open$から取り出されるのはノード4となり終了する．結局，最適経路として$4 \leftarrow 3 \leftarrow 1$が出力されるが，これは最適経路ではない．この過程で修正すべきなのは$closed$にある$f(3)$の値である．2を展開してノード3を生成した時点で，コスト2でノード3に行ける経路があることがわかるので，$f(3) = \hat{g}(3) + \hat{h}(3) = 2 + 1 = 3$に修正すべきである．また，この修正した値が後の探索に反映できるように，ノード3を$closed$から$open$に戻す必要がある．

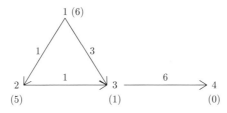

図 **2.15** $closed$の中のノードの評価値を修正する必要がある場合

2.6.1 プログラム

A^*アルゴリズムは，$open$の中で最小の評価値$f(n)$をもつノードnを展開して子ノードmを生成したとき，mについて以下のような処理を行う．なお，$f(m)$の計算には$\hat{g}(m)$の値が必要なので，$f(m)$を更新する際には$\hat{g}(m)$も更

34　2. 探　　　索

新しておく。$\hat{h}(m)$ の値は不変である。

1) m が *open* にも *closed* にも含まれていない場合

$\hat{g}(m)$ と $f(m)$ はつぎのように計算し，m を *open* に追加する。

$$\hat{g}(m) = \hat{g}(n) + c(n, m) \tag{2.5}$$

$$f(m) = \hat{g}(m) + \hat{h}(m) \tag{2.6}$$

2) m が *open* に含まれている場合

つぎの式 (2.7) が成り立つ場合，式 (2.5)，(2.6) を用いて，$\hat{g}(m)$ と $f(m)$ を更新する。

$$\hat{g}(n) + c(n, m) + \hat{h}(m) < f(m) \tag{2.7}$$

3) m が *closed* に含まれている場合

式 (2.7) が成り立つ場合，式 (2.5)，(2.6) を用いて，$\hat{g}(m)$ と $f(m)$ を更新し，さらに m を *open* に戻す。

上記の手順に従い，プログラムをつくろう。まず，$f(n)$ を記録するためのグローバル変数 f をプログラム 2-14 のように追加する。

```
──────────── プログラム 2-14 (グローバル変数 f の追加) ────────────
… (略)
int f[MAX_V];        //f(n)
```

プログラム 2-15 は A^* アルゴリズムのプログラム例である。

```
──────────── プログラム 2-15 ($A^*$ アルゴリズム) ────────────
void a_star_search(int start, int goal){
  deque<int> open({ start }), closed;
  g[start] = 0;

  while (!open.empty()){   // open が空でない
    // open の先頭要素を取り出す
    int n = open.front(); open.pop_front();
    if (n == goal)  return;

    // n を closed に追加
    closed.push_back(n);

    // n の子ノードのリストを逆順にする
```

```
    vector<int> L = graph[n];
    reverse(L.begin(), L.end());

    for (int m : L){  // n の各子ノード m について
      // m が open にも closed にも含まれないとき
      if (!include(open, m) && !include(closed, m)){
        g[m] = g[n] + c(n, m);
        f[m] = g[m] + h[m];
        parent[m] = n;
        //m を open の先頭に追加
        open.push_front(m);
      }
      // m が open に含まれるとき
      else if (include(open, m)){
        if (g[n] + c(n, m) + h[m] < f[m]){
          g[m] = g[n] + c(n, m);
          f[m] = g[m] + h[m];
          parent[m] = n;
        }
      }
      // m が closed に含まれるとき
      else if (include(closed, m)){
        if (g[n] + c(n, m) + h[m] < f[m]){
          g[m] = g[n] + c(n, m);
          f[m] = g[m] + h[m];
          parent[m] = n;
          // m を open の先頭に追加
          open.push_front(m);
          // m を closed から削除
          closed.erase(find(closed.begin(), closed.end(), m));
        }
      }
    }
    // f(n) を基準に open をソート
    sort(open.begin(), open.end(),
                    [](int a, int b){ return f[a] < f[b]; });
  }
}
```

図 2.13 のグラフについて，初期状態をノード 1，目標状態をノード 7 として
プログラムを実行したときの，n と $open$，$closed$ の変化の様子を**表 2.7** に示
す。ただし，ノードはノード番号で表す。また，かっこ ( ) 内の第 1 要素は経路
における一つ手前のノードの番号を表し，第 2 要素は評価値 $f(n)$ を表す。な

36   2. 探　　　　　索

表 2.7　A^* アルゴリズムでの n, $open$, $closed$ の変化

	n	$open$	$closed$
0		[1]	[]
1	1	$[3(1,2),2(1,4),4(1,12)]$	[1]
2	3(1,2)	$[2(1,4),4(3,9)]$	$[1,3(1,2)]$
3	2(1,4)	$[6(2,8),4(3,9),5(2,10)]$	$[1,3(1,2),2(1,4)]$
4	6(2,8)	$[4(6,8),5(2,10)]$	$[1,3(1,2),2(1,4),6(2,8)]$
5	4(6,8)	$[7(4,9),5(2,10)]$	$[1,3(1,2),2(1,4),6(2,8),4(6,8)]$
6	7(4,9)	$[5(2,10)]$	$[1,3(1,2),2(1,4),6(2,8),4(6,8)]$

お，初期状態のノード 1 についてはかっこを省略する。また，$open$ は $f(n)$ を
基準にソートされたものを示す。

　ノード 7 からかっこ内の第 1 要素をたどっていけば最適経路である 7 ← 4 ←
6 ← 2 ← 1 が得られる。また，そのコストはノード 7 の第 2 要素である 9 で
ある。一方，ダイクストラ法で同じグラフを探索した場合，**表 2.8** のようにな
る。結果を比較すると A^* はノード 5 の展開をせず，ダイクストラ法より短い
ステップ数で最適経路を見つけている。$\hat{h}(2)$，$\hat{h}(3)$ が真のコストに近ければ，
さらにステップ数は少なくなるであろう。

表 2.8　ダイクストラ法での n, $open$, $closed$ の変化

	n	$open$	$closed$
0		[1]	[]
1	1	$[3(1,1),2(1,2),4(1,9)]$	[1]
2	3(1,1)	$[2(1,2),4(3,6)]$	$[1,3(1,1)]$
3	2(1,2)	$[5(2,3),6(2,4),4(3,6)]$	$[1,3(1,2),2(1,2)]$
4	5(2,3)	$[6(2,4),4(3,6)]$	$[1,3(1,2),2(1,2),5(2,3)]$
5	6(2,4)	$[4(6,5)]$	$[1,3(1,2),2(1,2),5(2,3),6(2,4)]$
6	4(6,5)	$[7(4,9)]$	$[1,3(1,2),2(1,2),5(2,3),6(2,4),4(6,5)]$
7	7(4,9)	[]	$[1,3(1,2),2(1,2),5(2,3),6(2,4),4(6,5)]$

2.6.2　健　　全　　性

A^* アルゴリズムは条件 (2.4) を満たせば最適経路を必ず見つけることができ
る。以下に示す証明では，まず，(i) 最適経路上のノードで，かつそのノードま
での最適経路がすでに見つかっているものが $open$ の中に存在することを示し

ており，つぎに，(ii) 目標状態へ至る経路の中で最適でないものが見つかる前に，最適経路上のノードがつぎつぎに展開され，最適経路のほうが先に見つかることを (i) の結果を利用して示している。

(i) まず，最適経路上のノード n で $\hat{g}(n)$ が真の値，すなわち初期状態 S から n までの最適経路のコスト $g(n)$ であるものが，目標状態 G までの最適経路が見つかるまでは *open* に必ず一つは存在することを確認する。

$P = \{S = n_0, n_1, n_2, \cdots, n_k = G\}$ を最適経路とする。もし S が *open* に入っているなら，$\hat{g}(S) = g(S) = 0$ なので上記が成り立つ。S が *closed* に入っているとする。Δ を *closed* に入っているノード n_i で $\hat{g}(n_i) = g(n_i)$ であるものの集合とすると，S が入っているので Δ は空でない。n^* を Δ の中で添字の最も大きいノードとする。最適経路が見つかっていないときは $n^* \neq G$ である。n' を P 上のノードで，n^* の子ノードとする。n^* は *closed* の中にあるので，$\hat{g}(n')$ は $\hat{g}(n^*) + c(n^*, n')$ より大きくなることはない。さらに，n^* は Δ の中にあるので，$\hat{g}(n^*) = g(n^*)$ である。よってつぎの式が得られる。

$$\hat{g}(n') \leqq g(n^*) + c(n^*, n') \tag{2.8}$$

また，P は最適経路なので $g(n') = g(n^*) + c(n^*, n')$ であり，上の式 (2.8) の右辺を $g(n')$ に置き換えれば，つぎの式が得られる。

$$\hat{g}(n') \leqq g(n') \tag{2.9}$$

しかしながら，一般に $\hat{g}(n') \geqq g(n')$ なので，上の式 (2.9) より

$$\hat{g}(n') = g(n') \tag{2.10}$$

であることがわかる。さらに，Δ の定義より n' は *open* に入っている。

(ii) G へ至る最適でない別の経路があるものとし，その経路を通って G に至ったときのノード G を G' で表す。$\hat{g}(G')$ は最適でない経路のコストなので，$g(G) < \hat{g}(G')$ である。これと，式 (2.10)，条件 (2.4) を用いると，つぎのようにして $f(n') < f(G')$ であることを導ける。

38   2. 探　　　　　索

$$f(n') = \hat{g}(n') + \hat{h}(n')$$

$$= g(n') + \hat{h}(n')$$

$$\leqq g(n') + h(n')$$

$$= g(G)$$

$$< \hat{g}(G')$$

$$\leqq \hat{g}(G') + \hat{h}(G')$$

$$= f(G')$$

よって，解が見つかっていない間は $open$ に n' があり，G' が先に選ばれることはない。以上より，A^* アルゴリズムは最適経路を見つけることがわかる。

2.6.3　ヒューリスティック関数の精度・無矛盾性

$\hat{h}(n)$ は n から目標状態 G までのコストの真の値 $h(n)$ に近いほどよい。ただし，最適経路が見つかることを保証するためには，$\hat{h}(n) \leqq h(n)$ である必要があるので，$h(n)$ を超えてはいけない。ノード n が $f(n) = \hat{g}(n) + \hat{h}(n) < g(G) < g(n) + h(n)$ を満たす場合を考える。これは，n が実際には G より遠いノードであるにもかかわらず，推定値 $\hat{h}(n)$ を小さく見積もりすぎた場合である。$f(n)$ が $open$ の中で最小ならば，G への経路が見つかる前に n が展開されることになる。しかし，n を経由して G に至る経路の真のコスト $g(n) + h(n)$ は $g(G)$ より大きいので，n 以降を探索することは無駄である。これを回避するためには，$\hat{g}(n) + \hat{h}(n)$ を真のコストに近づける必要がある。$\hat{g}(n)$ は探索の過程で求まる値であるので，$\hat{h}(n)$ の値が大きいほどよい。すなわち，$\hat{h}(n)$ の精度がよいほど探索の効率がよくなる。

また，$\hat{h}(n)$ が**無矛盾**である場合も探索の効率がよくなる。ここで $\hat{h}(n)$ が無矛盾であるとは，すべてのノード n とその子ノード m について，次式が成り立つときをいう。

$$\hat{h}(n) \leqq \hat{h}(m) + c(n, m) \tag{2.11}$$

$\hat{h}(n)$ が無矛盾ならば，任意の経路をたどったとき，$f(n)$ は減少することはない。なぜなら，その経路上の連続する二つのノードを n, m とし，n から m へたどったとすると

$$f(m) = \hat{g}(m) + \hat{h}(m) = \hat{g}(n) + c(n, m) + \hat{h}(m) \geqq \hat{g}(n) + \hat{h}(n)$$

が成り立つからである。このことから，$closed$ に入ったノードが $open$ に戻り，再度展開されることがない。なお，図 2.15 はノード 2，3 は式 (2.11) を満たさないので，無矛盾ではない $\hat{h}(n)$ の例である。

2.7　反復深化法と IDA^*

すでに述べたように，幅優先探索は長さが最短な経路を見つけることができるが，$open$ に蓄積される葉ノードの数は深さ d に関して指数的に増加する。一方，深さ優先探索では $open$ に蓄積される葉ノードは d に比例した数であり，記憶容量に関する効率の面では深さ優先探索のほうがよい。同様の対比が，ダイクストラ法，最良優先探索，A^* アルゴリズムの三つと，山登り法の間にもいえる。前者の三つは，$open$ に蓄積されたノードの中から評価が最もよい（それぞれ評価値 $\hat{g}(n)$，$\hat{h}(n)$，$f(n)$ が最も小さい）ものをつねに選んで展開する。これは評価の悪い（評価値の大きい）ノードが $open$ に残りつづけることを意味し，$open$ に含まれるノードの数が指数的に増大する可能性を含む。これに対し山登り法は，子ノードのみからつぎに展開するノードを選択し，$open$ に蓄積されるノードは高々一つである。展開するノードに関する最善の選択と記憶容量の節約を両立させる方法に，**反復深化法**（iterative deepening search）がある。これは深さやコストに関する閾値を段階的に増やしながら，各段階の閾値までの深さ優先探索を繰り返す方法である。

2.7.1　深さを閾値とした反復深化法

深さを閾値とした反復深化法のプログラム例をプログラム 2-16 に示す。先に

40　　2.　探　　　　　　　索

学んだ深さ優先探索では，while ループと *open* リストを用いて繰り返し処理を実現した。一方で，プログラム 2-16 の関数 depth_first_search は再帰呼び出しにより繰り返し処理を実現している。また，先のプログラムでは無限ループに陥ることを避けるため *closed* リストを用いていた。一方，プログラム 2-16 の関数 depth_first_search は *closed* を用いていないので，循環路がある場合は無駄な展開をすることになるが，閾値を超える深さまでは探索しないので，循環路に陥りつづけることはない。また関数 iterative_deepening_search は，目標状態に至るまで，深さの閾値 d を増やしながらこの関数を繰り返し呼び出す。深さを 1 ずつ増やすので，幅優先探索と同じ結果を返す。

――――― **プログラム 2-16** (反復深化法) ―――――

```
//深さ d までの，深さ優先探索
bool depth_first_search(int n, int goal, vector<int>& path, int d){
  if (n == goal)  return true;

  if (d > 0){
    for (int m : graph[n]){  // n の各子ノード m について
      vector<int> p({ m });
      // m から深さ d-1 以内で goal に至るとき
      if (depth_first_search(m, goal, p, d - 1)){
        path.insert(path.end(), p.begin(), p.end());
        return true;
      }
    }
  }
  return false;
}

void iterative_deepening_search(int start, int goal){
  int d = 0;
  vector<int> path;

  // start から深さ d 以内で goal に至らない場合は d を 1 増やして繰り返す
  while (!depth_first_search(start, goal, path, d)){ d++;  }

  // start から goal までの経路を印字
  cout << start;
  for (int a : path){  cout << "->" << a; }
  cout << endl;
}
```

2.7.2　IDA^*

A^* アルゴリズムで使った評価関数は $f(n) = \hat{g}(n) + \hat{h}(n)$ であった。この $f(n)$ に対する閾値を使う反復深化法を **IDA^***（iterative deepening A^*）という。プログラム 2-17 に IDA^* のプログラム例を示す。プログラム中の変数 f, g, h は $f(n)$, $\hat{g}(n)$, $\hat{h}(n)$ を表す。プログラム 2-17 の関数 depth_first_search から見ると，ノード n の f の値が f_bound を超える場合は f を返し，n が goal と等しい場合，すなわち成功した場合は f_bound をそのまま返している。これら以外の場合，n の子ノードについて再帰的に depth_first_search を呼び出し，すべて失敗した場合は再帰呼び出しの戻り値 f の最小値を返す。関数 iterative_deepening_a_star_search では，閾値 f_bound を h[start] の値にし，g を 0 として関数 depth_first_search を呼び出し，戻り値 f が f_bound と異なる間，f を新たな f_bound の値として depth_first_search の試行を繰り返す。

──────── プログラム **2-17**（IDA^*）────────

```
// f(n) が f_bound を超えない範囲での深さ優先探索
int depth_first_search(int n, int goal, int g,
                            vector<int>& path, int f_bound){
  int f = g + h[n];
  if (f > f_bound) return f;
  if (n == goal) return f_bound;

  int s = INT_MAX;   // s=+∞
  for (int m : graph[n]){   // n の各子ノード m について
    vector<int> p({ m });

    // m から goal まで f_bound を超えない範囲での深さ優先探索
    f = depth_first_search(m, goal, g + c(n, m), p, f_bound);

    // f_bound を超えない範囲で経路が見つかったとき
    if (f==f_bound){
      path.insert(path.end(), p.begin(), p.end());
      return f_bound;
    }
    // f_bound を超えてしまったときは，戻り値 f の最小値を s とする
    s = min(f, s);
  }
  return s;
}
```

```
void iterative_deepening_a_star_search(int start, int goal){
  vector<int> path;
  int f_bound,f = h[start];

  // start から f_bound 以内で goal に至らない場合は
  // f_bound を増やして繰り返す
  do {
    f_bound = f;
    f = depth_first_search(start, goal, 0, path, f_bound);
  } while (f != f_bound);

  // start から goal までの経路を印字
  cout << start;
  for (int a : path){  cout << "->" << a;  }
  cout << endl;
}
```

演 習 問 題

【1】 図 2.1 の初期状態から操作を 2 回まで行ったときの状態空間をグラフで表せ。
【2】 図 2.3 の迷路を深さ優先探索を使って解くとき，n, $open$, $closed$ の変化の様子を示せ。
【3】 水差し問題を幅優先探索を使って解くプログラムをつくれ。
【4】 図 2.16 のグラフについて，初期状態を 1，目標状態を 10 としたとき，ダイク

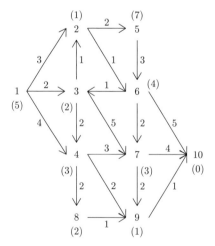

図 2.16　状態空間のグラフ

演 習 問 題 **43**

ストラ法，山登り法，最良優先探索，A^* アルゴリズムを用いて得られる経路をそれぞれ示せ。

【5】 図 2.16 のグラフを A^* アルゴリズムで解くとき，探索が効率よく行えるよう，$\hat{h}(n)$ の値を変更せよ。また，変更前と変更後について n, *open*, *closed* の変化の様子を示せ。

C³ ゲ ー ム

OMPUTER SCIENCE TEXTBOOK SERIES

ここでは探索の応用問題としてパズルのような1人ゲームや将棋，チェスなどの2人ゲームを取り上げ，それらの最適手順や最善手を求めるための探索手法を説明する。

3.1 群論によるパズルの分析

8–パズルやルービックキューブなどさまざまなパズルについて，その最適手順を求める試みが以前から行われている。これは，ある探索手法の有用性を実証するためであったり，パズルの最適手順そのものに関心があったりと，理由はさまざまである。いずれにせよ，パズルを取り扱うときは，まずその状態空間の性質を把握しておくとよい。以降では，群論を用いて8–パズルを分析するが，これは「パズルの数学的分析」に興味がある人に向けた内容となっており，理解せずとも次節以降の学習に影響がないことを断っておく。

8–パズル（8–puzzle）は**図 3.1** のような 3×3 の盤に8個のコマがあり，コマを空白の位置にスライドさせながら目標状態に至る手順を求める問題である。8–パズルの盤面は9個の場所があり，コマの置き方は $9!$ ある。しかしながら，空白の位置にコマをスライドさせる操作のみが可能であるため，たがいに遷移できるコマの配置の数は $9!/2$ である。また，図（a）の配置から図（b）の配置をつくることはできるが，図（c）の配置はつくれない。これらを群論の手法を使いながら確認しよう。

3.1 群論によるパズルの分析

6	8	7
	3	4
2	5	1

(a)

1	2	3
4	5	6
7	8	

(b)

1	2	3
4	5	6
8	7	

(c)

図 **3.1** 8–パズルの三つの状態

3.1.1 コマの並びの表現

盤の各マス目をセルと呼ぶことにする。図 3.2 の矢印の順に従ってセルに番号を付け，この番号を基準にしてコマの並べ方を表現することを考える。空白を無視して，図 **3.2** の矢印の順にコマを左から並べたとき，コマ i が左から何番目かを a_i で表す。コマは全部で 8 個なので，$1 \leqq a_i \leqq 8$ である。また，コマ i がセル j にあって，空白が j より大きい番号のセルにあるときは $a_i = j$ であり，空白が j より小さい番号のセルにあるときは $a_i = j - 1$ である。このような a_i を使って，コマの並びを $[a_1, a_2, \cdots, a_8]$ のように表す。そうすると，図 3.1（a）のコマの並びは $[8, 6, 5, 4, 7, 1, 3, 2]$ で表される。これは，図 3.2 の矢印の順にコマを並べたとき，左からコマ 1 が 8 番目，コマ 2 が 6 番目，コマ 3 が 5 番目，コマ 4 が 4 番目，コマ 5 が 7 番目，コマ 6 が 1 番目，コマ 7 が 3 番目，コマ 8 が 2 番目であることを意味する。

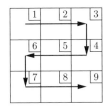

図 **3.2** セル番号と順列の方向

3.1.2 巡回置換による操作の表現

8–パズルの操作は空白の移動と見ることができ，この操作をコマの並びに対する**巡回置換**で表す。例えば，空白をセル 1 からセル 6 へ移動する操作は $\sigma_{1,6} = (1, 2, 3, 4, 5)$ という巡回置換で表す。これは $1 \to 2 \to 3 \to 4 \to 5 \to 1$

46   3. ゲ ー ム

のように，巡回的に数字を置き換える変換である．この変換の意味は，矢印の順にコマを並べたとき，左から1番目にあるコマを2番目にして，2番目にあるコマを3番目にして，$\cdots$，5番目にあるコマを1番目にするということである．逆に空白をセル6からセル1へ移動する操作は，$\sigma_{6,1} = (5, 4, 3, 2, 1)$ という巡回置換で表す．$\sigma_{6,1}$ は，$5 \to 4 \to 3 \to 2 \to 1 \to 5$ のように，数字を置き換える変換である．コマの並び $[8, 6, 5, 4, 7, 1, 3, 2]$ に $\sigma_{6,1}$ を1回適用するとつぎのようになる．

$$[8, 6, 5, 4, 7, 1, 3, 2]\sigma_{6,1} = [8, 6, 4, 3, 7, 5, 2, 1]$$

よって変換後のコマの並びは，コマ1が8番目，コマ2が6番目，コマ3が4番目，コマ4が3番目，コマ5が7番目，コマ6が5番目，コマ7が2番目，コマ8が1番目となる．

なお，$\sigma_{1,6}$ と $\sigma_{6,1}$ の変換を連続して行うと元に戻るので，これらの積 $\sigma_{1,6}\sigma_{6,1}$ はなにも変えない変換と考え，そのような変換を e と表す．e は**単位元**という．また，二つの変換 σ と σ' の積が単位元となるとき，σ' を σ の**逆元**といい，σ' を σ^{-1} のように表す[†]．したがって $\sigma_{6,1} = \sigma_{1,6}^{-1}$ である．

1回の空白の移動の操作を，すべて上記の巡回置換やその逆元，および単位元で表してみよう．まず，空白をセル1から2，2から3，3から4，4から5，5から6，6から7，7から8，8から9へ移動してもコマの並びは変わらないので，これらの変換は単位元 e で表せる．また，これらの逆向きの移動も e で表せる．コマの並びが変化するような1回の空白の移動は全部で8通りあり，それらを巡回置換で表すと，表3.1に示す $\sigma_{1,6}$，$\sigma_{2,5}$，$\sigma_{4,9}$，$\sigma_{5,8}$，$\sigma_{1,6}^{-1}$，$\sigma_{2,5}^{-1}$，$\sigma_{4,9}^{-1}$，$\sigma_{5,8}^{-1}$ となる．8–パズルの操作の繰り返しは，e とこれらの置換を繰り返すことに対応する．

[†] 要素が結合法則 $(ab)c = a(bc)$ を満たし，単位元と逆元が存在するような集合を**群**という．

3.1.3　等価な巡回置換

表 3.1 の巡回置換のうち，長さが 3 のものは $\sigma_{2,5} = (2,3,4)$ と $\sigma_{5,8} = (5,6,7)$ の二つがある。$(2,3,4)$ は図 3.2 の矢印の順に並べたときの 2 番目，3 番目，4 番目にあるコマを巡回させる変換で，$(5,6,7)$ は 5 番目，6 番目，7 番目にあるコマを巡回させる変換である。このように，矢印の順に並べたときに連続する三つのコマを巡回させる変換は，表 3.1 の巡回置換を組み合わせてつぎのようにつくることもできる。

$$(1,2,3,4,5)(2,3,4)(1,2,3,4,5)^{-1} = (1,2,3)$$

$$(1,2,3,4,5)^{-1}(2,3,4)(1,2,3,4,5) = (3,4,5)$$

$$(4,5,6,7,8)(5,6,7)(4,5,6,7,8)^{-1} = (4,5,6)$$

$$(4,5,6,7,8)^{-1}(5,6,7)(4,5,6,7,8) = (6,7,8)$$

$\sigma_{2,5}$，$\sigma_{5,8}$ と合わせると $(1,2,3)$，$(2,3,4)$，$(3,4,5)$，$(4,5,6)$，$(5,6,7)$，$(6,7,8)$ の置換が空白の移動の操作で行えることになるが，実は，この 6 個の置換 $(k,k+1,k+2)$ $(1 \leqq k \leqq 6)$ の組合せを用いれば，$n = 1 \sim 8$ までの数字を含む長さ 3 の巡回置換をすべてつくることができるので，これを確認してみる。

表 3.1　空白の移動を表す巡回置換

$\sigma_{1,6}$	$=$	$(1,2,3,4,5)$
$\sigma_{2,5}$	$=$	$(2,3,4)$
$\sigma_{4,9}$	$=$	$(4,5,6,7,8)$
$\sigma_{5,8}$	$=$	$(5,6,7)$
$\sigma_{j,i}$	$=$	$\sigma_{i,j}^{-1}$ $(i < j)$

$(1,2,3)^2 = (1,3,2)$，$(1,2,3)^3 = e$ なので，$n = 3$ の場合，$\{e, (1,2,3), (1,3,2)\}$ のようにすべての巡回置換がつくれる。また，$(2,3,4)^2 = (2,4,3)$，$(2,4,3)(1,2,3) = (1,2,4)$，$(1,2,4)^2 = (1,4,2)$ である。$n = 4$ の場合も $\{ e, (1,2,3), (1,3,2),$ $(1,2,4), (1,4,2), (2,3,4), (2,4,3) \}$ のすべての巡回置換がつくれる。同様にすれば，$n = 8$ までのすべての巡回置換がつくれる。

48   3. ゲ ー ム

3.1.4 偶置換・奇置換

ここで，巡回置換に関する一般的な性質や用語について，いくつか述べておく。

（1）　巡回置換のうち，長さが2のものは**互換**と呼ばれ，任意の巡回置換は互換の積で表すことができる。巡回置換が $(1,2,3)$ ならば，例えば，$(1,2)(1,3)$ のような互換の積で表せる。巡回置換を互換の積で表す方法は一意的ではないが，その互換の個数が偶数か奇数かは，元の巡回置換によって決まる。偶数個の互換の積で表せる置換を**偶置換**，奇数個の互換の積で表せる置換を**奇置換**という。偶置換の積は偶置換となる。

（2）　偶数個の互換の積，すなわち偶置換は，すべて長さ3の巡回置換の積で表すことができる。a, b, c, d を異なる数とすれば，$(a,b)(c,d) = (a,b,c)(a,d,c)$, $(a,b)(b,c) = (a,c,b)$, $(a,b)(a,b) = e$ だからである。

（3）　1から n までの数に対する偶置換全体の集合 A_n と奇置換全体の集合 B_n には，それぞれ N 個と M 個の置換があるとすると，$N = M$ である。これはつぎのようにして確認できる。任意の偶置換に互換 $(1,2)$ を掛けたものは奇置換であり，元の偶置換が異なれば，得られる奇置換も異なるので $N \leqq M$ である。一方，任意の奇置換に互換 $(1,2)$ を掛けたものは偶置換であり，同様の理由から $N \geqq M$ である。よって $N = M$ である。

　8–パズルの話に戻ろう。表3.1の巡回置換はすべて偶数個の互換の積で表すことができ，偶置換である。これは（1）に述べたように，表3.1の各巡回置換を互換で表してみれば確認できる。また，空白の移動を表す表3.1の巡回置換によって，1から8の数を含む長さ3のすべての巡回置換をつくれることをすでに確認したが，これと（2）から，表3.1の巡回置換によって1から8の数を含む偶置換をすべてつくれることになる。以上より，8–パズルのある状態が与えられたとき，空白の移動という操作で遷移できる状態というのは，与えられた状態にあらゆる偶置換を施して得られるすべての状態であり，あらゆる一つの奇置換を施した状態には遷移できない。図3.1（b），（c）のコマの並びはそれぞれ $[1,2,3,6,5,4,7,8]$, $[1,2,3,6,5,4,8,7]$ であり，これらの変換は奇置

換 $(7,8)$ を用いて，$[1,2,3,6,5,4,7,8](7,8) = [1,2,3,6,5,4,8,7]$ のように表せる。しかし，奇置換は空白の移動だけでは行えないので，図 3.1（b），（c）はたがいに遷移できない関係にあることがわかる。また，（3）に述べた偶置換と奇置換の総数が等しいということと，8 個の数字の順列の総数が 8!個であることから，ある 8 個の数字の順列に偶置換を施して得られる順列の総数は 8!/2 である。さらに，空白の入れ方は 9 通りあるので，8–パズルのとり得る配置の総数は 9!/2 となる。なお，4×4 の盤を使って 15 個のコマを並べる 15–パズルの配置の総数も，同様の方法で調べることができ，その総数は 16!/2 である。

3.2 ヒューリスティック関数の設計

ここでは，8–パズルの最適解を A^* アルゴリズムを使って求めることを考える。なお，8–パズルの最適解とは空白の移動の回数が最も少ない手順のことである。A^* アルゴリズムでこれを見つける場合，1 回の移動，すなわち状態空間のグラフにおけるすべてのリンクのコストを 1 として $\hat{g}(n)$ を計算すればよい。一方，状態 n から目標状態までのコストの推定値 $\hat{h}(n)$ については，どのように決めたらよいであろうか。ここでは，まずつぎのようなものを考える。

- $\hat{h}_1(n) =$ 状態 n のコマのうち，目標状態 G と異なるセルにあるコマの数
- $\hat{h}_2(n) =$ 状態 n におけるコマ i のセルと目標状態 G におけるコマ i のセルのマンハッタン距離の総和。**マンハッタン距離**（Manhattan distance）とは 2 点の座標を (x, y)，(x', y') としたとき式 $|x - x'| + |y - y'|$ で与えられる値である。

図 3.1（a）を n，図（b）を G とすると，$\hat{h}_1(n) = 8$ である。また，n のコマ 1 を左に二つと上に二つ移動すれば G のコマ 1 のセルになるので，コマ 1 に関するマンハッタン距離は 4 であり，同様にすべてのコマについてマンハッタン距離を調べ，総和を求めるとつぎのようになる。

$$\hat{h}_2(n) = 4 + 3 + 2 + 2 + 1 + 3 + 4 + 2 = 21$$

50　　3.　ゲ　ー　ム

定義より $\hat{h}_1(n) \leqq \hat{h}_2(n)$ は明らかであり，また n から G の状態をつくるには，少なくとも $\hat{h}_2(n)$ の回数だけはコマを移動させないといけないので，次式が成り立つ。なお，$h(n)$ は n から G の状態をつくるまでにかかるコマの移動回数の最小値である。

$$0 \leqq \hat{h}_1(n) \leqq \hat{h}_2(n) \leqq h(n)$$

$\hat{h}_1(n)$，$\hat{h}_2(n)$ は共に $h(n)$ 以下なので，A^* アルゴリズムが最適解を出力することを保証するが，$\hat{h}_1(n)$ の値より $\hat{h}_2(n)$ の値のほうが $h(n)$ に近いので，$\hat{h}_2(n)$ を使ったほうが探索効率がよくなることがわかる。また，$\hat{h}_1(n)$，$\hat{h}_2(n)$ は共に隣接するノード n, m について次式を満たし，無矛盾である。

$$\hat{h}_1(n) \leqq \hat{h}_1(m) + c(n,m) \tag{3.1}$$

$$\hat{h}_2(n) \leqq \hat{h}_2(m) + c(n,m) \tag{3.2}$$

これは $\hat{h}_1(n)$，$\hat{h}_2(n)$ が整数であり，$c(n,m) = 1$，$|\hat{h}_1(n) - \hat{h}_1(m)| \leqq 1$，$|\hat{h}_2(n) - \hat{h}_2(m)| = 1$ であるためである。例えば，図 3.1 (a) の状態を n とし，コマ 6 を一つ下に移動した後の状態を m とすると，$\hat{h}_2(n) = 21$，$\hat{h}_2(m) = 20$ なので，式 (3.2) に当てはめると $21 \leqq 20 + 1$ となり成り立つ。m から n への遷移についても，$20 \leqq 21 + 1$ であり成り立つ。

上記のように，ヒューリスティック関数 $\hat{h}(n)$ の候補はさまざまなものが考えられ，それら候補にどのような性質があり，また候補間にどのような関係があるかを知ることは，ヒューリスティック関数の設計において重要なことである。このようなヒューリスティック関数の設計において，元の問題の制約や条件を緩めた別の問題 P を考え，問題 P を解くコストを $\hat{h}(n)$ とする方法がある。

8–パズルの盤とコマはそのまま使うことにして，つぎの 3 種類のコマの移動ルールを考えてみよう。

（1）　コマはそのコマの上下左右いずれかにある空白のセルに移動できる。

（2）　コマはその上下左右にあるセルに移動できる。

（3）　コマはどのセルでも移動できる。

　　　　　　　　　　　　　　　　　　　3.2　ヒューリスティック関数の設計　　**51**

　(1) は 8-パズルの操作の制約そのものである。(2) は (1) の制約を緩め，空
白セルのみでなく，上下左右の他のコマがあるセルにも移動してよく，コマの
重なりを許している。(3) はさらに，方向に関する制約を取り除き，どのセル
にもジャンプすることを許している。ルールを変えれば 8-パズルの問題ではな
く，別の問題となる。(2)，(3) のルールを使った問題をそれぞれ，問題 A，問
題 B とすると，問題 A において $\hat{h}_2(n)$ は n から目標状態 G までの最小コスト
$h_2(n)$ に等しい。また，同様に問題 B においては $\hat{h}_1(n) = h_1(n)$ である。この
ように，元の問題 X のルールにおける制約を緩め，緩和された問題 X′ をつく
り，X′ における $h(n)$ を元の問題 X を解くときの $\hat{h}(n)$ として利用できる。

　(1) と (2) の間に入るようなコマの移動ルールとして，つぎのようなものを
考えてみる。

> コマ i が 1，2，3，4 のいずれかならば，i の移動できるセルは上下
> 左右のセルで，そのセルが空白か，またはコマ 5，6，7，8 がある
> セルであるときであり，コマ i が 5，6，7，8 のいずれかならば，i
> の移動できるセルは上下左右のセルで，そのセルが空白か，または
> コマ 1，2，3，4 があるセルであるときである。

すなわち，移動方向は元の問題と同じで，上下左右のいずれかのセルであるが，
他の 7 個のコマのうち 4 個には重なることを許したルールになっている。この
ようなルールを使った問題を C とし，問題 C における状態 n から G までの最
小コストを $\hat{h}_3(n)$ で表すと

$$0 \leqq \hat{h}_1(n) \leqq \hat{h}_2(n) \leqq \hat{h}_3(n) \leqq h(n)$$

である。また，$\hat{h}_3(n)$ は問題 C における正確なコストなので無矛盾である。よっ
て，$\hat{h}_3(n)$ のほうがよいヒューリスティック関数である。しかしながら，$\hat{h}_1(n)$，
$\hat{h}_2(n)$ と異なり，$\hat{h}_3(n)$ の値は簡単には求めることができず，事前に探索など
を用いて調べる必要がある。

　つぎに，コマの移動ルールは変えず，目標状態の条件を緩めた問題を考えて
みる。

52   3. ゲ ー ム

- 問題 D：1 から 8 のコマのうち 1 から k のコマと空白を元の問題の目標
  状態と同じセルに移動する。

$k = 8$ のときは元の問題と同じであることは明らかである。$k = 6, 7$ のとき
も実は元の問題と同じである。なぜなら 7 個のコマと空白が目標状態と同じセ
ルにあれば，残り 1 個のコマも目標状態と同じセルにある。また，6 個のコマ
と空白が目標状態と同じセルにあれば，残りの 2 個のコマも目標状態と同じセ
ルにあるか，そうでない場合はそもそも目標状態に到達できない問題である。k
が 5 以下のときは，k より大きいコマを区別する必要がないので，区別すべき
配置の総数は元の問題の $1/(8-k)!$ となり，元の問題に比べやさしい問題とな
る。この問題において状態 n から目標状態に至る最小コストを $h_D(n)$ とすれ
ば，明らかに

$$0 \leqq h_D(n) \leqq h(n)$$

が成り立つ。したがって，すべての可能な状態 n について，あらかじめ問題 D
を解いておき $h_D(n)$ を記録しておけば，元の問題を解く過程で生成される状態
n に対する $\hat{h}(n)$ として，$h_D(n)$ を利用することができる。

　ここで述べたヒューリスティック関数は，8–パズルのみでなく 15–パズル，
24–パズルにも使えるものである。ヒューリスティック関数を工夫することに
より，効率よく最適解を見つけることができる。また，これらのパズルについ
てはさまざまな角度からの詳しい研究もなされており，8–パズルについては初
期状態がどのようなものでも，解があるならば必ず 31 回以内の操作で目標状態
に至るということもわかっている。

3.3 ゲ ー ム 木

　ここでは，チェスや将棋のような 2 人のプレーヤあるいは 2 組で対戦するゲー
ムで，さらに以下の性質をもつゲームを扱う。

- **ゼロ和ゲーム**：一方のプレーヤにとって最良の手・局面は，もう一方の

プレーヤにとって，最悪の手・局面となるようなゲーム
- 有限ゲーム：状態の数が有限で数え上げできるゲーム
- 確定ゲーム：可能な手からどれか一つの手を選ぶとき，プレーヤの意思で選ぶことができ，サイコロなどで手を決めないゲーム
- 完全情報ゲーム：ゲームに関して隠された情報がないゲーム

これらの性質をもつ2人ゲームは，ゲームの初期状態から遷移するすべての状態を調べ上げることが理論的にはでき，先手必勝，後手必勝，引分けのいずれかになる。

つぎのような石取りゲームを取り上げ，どのような状態に遷移するかを調べてみる。

> 石取りゲーム (n,m)：n 個の石があり，交互に石を取り合い，最後に石をとったほうが勝ちとする。ただし，自分の番のときは少なくとも1個はとる必要があり，また一度にとれる石の数は最大 m 個とする。

このゲームはルールからも明らかなように引分けはない。よって先手必勝か後手必勝である。$n = 5$, $m = 3$ とした場合について，先手と後手のどちらが必勝かを，図 **3.3** のような木をつくって調べてみよう。この木のルートはゲー

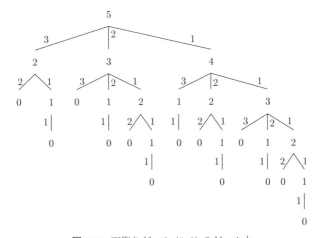

図 **3.3** 石取りゲーム $(5,3)$ のゲーム木

54　　3.　ゲ　ー　ム

ムの初期状態を表し，偶数の深さのノードは先手の番，奇数の深さのノードは
後手の番のゲームの状態を表す。子ノードは親ノードの状態から 1 手行った後
に得られる状態を表す。このような木を**ゲーム木**という。

　図 3.3 のゲーム木には残っている石の個数が書いてあり，ルートは石が 5 個
ある初期状態を表している。枝に付いた数字はとる石の数を表す。$m = 3$ なの
で，1 個から最大 3 個までのとり方がある。この木からわかるように，先手が
はじめに 3 個とれば，石が 2 個残り，後手は 1 個あるいは 2 個石をとる手があ
る。2 個とれば，ルールにより後手が勝ちである。もし 1 個しかとらないと，1
個の石が残り，つぎは先手が最後の 1 個をとって先手の勝ちとなる。一方先手
は，最初に 1 個だけとれば必ず勝てる。1 個とると 4 個残るが，後手が 3 個とれ
ば，つぎに先手は残りの 1 個をとって勝ちである。後手が 2 個とれば，先手は
残りの 2 個をとって勝ちである。後手が 1 個とれば，先手は残りの 3 個をとっ
て勝ちである。すなわち，4 個残った状態で後手番のときは，1 個，2 個，3 個
のどのとり方でも，つぎに先手が残りを全部とれるので，このときは必ず後手
番は負けるのである。先手は，最初 1 個とれば 4 個残った状態をつくれるので，
先手必勝ということがわかる。

　上で行った先手必勝，後手必勝の判定を，一般的に表現してみよう。先手必
勝であるための条件を帰納的に表現するとつぎのようになる。

　ある状態 n が先手の必勝であるのは，つぎのいずれかを満たすときである。

　（1）　n が終端状態，すなわち，これ以降ゲームが進まない状態で先手の勝ち
　　　　である。

　（2）　n が先手番であり，n のつぎの状態 $n_1, n_2, \cdots, n_k$ のうち少なくとも一
　　　　つは先手の勝ちである。

　（3）　n が後手番であり，n のつぎの状態 $n_1, n_2, \cdots, n_k$ がすべて先手の勝ち
　　　　である。

後手必勝の条件は，先手必勝の条件とまったく対称なので，上の「先手」と「後
手」を入れ換えればよい。

3.4 AND–OR 木

ゲームが先手/後手必勝かは，AND–OR 木を用いるとよりわかりやすい。**AND–OR 木**はある親ノードから子ノードへの分岐を **OR 分岐**，**AND 分岐**の 2 種類に分け，**OR ノード**，**AND ノード**，葉ノードで構成される木であり，葉ノードの真偽に基づいてルートの真偽を判定するときによく用いられる。図 **3.4**（ a ）は OR 分岐の例であり，a は OR ノードである。a が真であるためには b または c または d が真でなければならないことを表す。これはまた，a が偽であるためには，b かつ c かつ d が偽でなければならないことを表す。図（ b ）は AND 分岐の例であり，a は AND ノードである。a が真であるためには b かつ c かつ d が真でなければならない。これはまた，a が偽であるためには，b または c または d が偽でなければならないことを表す。

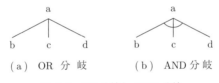

（ a ） OR 分 岐　　（ b ） AND 分 岐

図 **3.4**　OR 分岐と AND 分岐

図 3.3 のゲーム木を AND–OR 木で表現し直したものを図 **3.5** に示す。葉ノードは先手が勝ちの状態ならば T（真），負けの状態ならば F（偽）で表している。

状態 a は OR ノードなので，a が真（＝先手の勝ち）であるためには，d または c または b が真でなければならない。また，b は AND ノードなので，b が真であるためには，e かつ d かつ c が真でなければならない。e は子ノードが真なので真，d は OR 分岐で子ノードの一つが真なので真，c も同様に真である。よって，b は真であり，a は真であることがわかる。

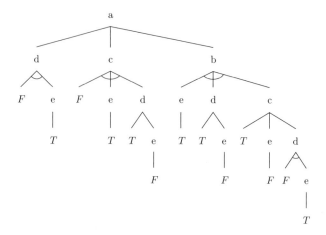

図 3.5 図 3.3 のゲーム木を AND–OR 木で表現したもの

3.5 証明数と反証数

　石取りゲーム (5, 3) の状態数は比較的少なく，手作業で AND–OR 木を描き出すことができた．しかし，状態数がもっと多いゲームについて先手必勝などを調べる場合は，手作業で AND–OR 木を描き出すことは難しく，計算機を使った探索により AND–OR 木を生成する必要がある．また，先手必勝かどうかやその必勝手順を調べるときに，AND–OR 木全体を生成する必要はない．例えば，先の石取りゲームにおいては，先手必勝を確認するには図 3.5 の AND–OR 木全体は必要なく，深さ 1 のノード b，c，d のどれか一つが真であることがわかればよい．

　先手/後手必勝やその必勝手順を知るのに十分な，できるだけ小さい AND–OR 木を生成するための探索手法として**証明数**（proof number）と**反証数**（disproof number）を用いたものがある．ある命題 n の証明数とは n が真であることを証明するとき，真であることを証明する必要がある n の部分命題の最小数であり，ある命題 n の反証数とは n が真であることを反証するとき，偽であることを証明する必要がある n の部分命題の最小数である．これを，ノード n をルー

トとする AND–OR 木 t を用いて定義し直すと，以下のようになる。ノード n の証明数 $pn(n)$ とは，n が真であることを証明するとき，真であることを証明する必要がある t の葉ノードの最小数，ノード n の反証数 $dn(n)$ とは，n が真であることを反証するとき，偽であることを証明する必要がある t の葉ノードの最小数である。

$pn(n)$，$dn(n)$ は，つぎのようにして帰納的に計算することができる。ここで葉ノード n の証明数 $pn(n)$ は，すでに T（真）とわかっている場合は 0，すでに F（偽）とわかっている場合は ∞，n の真偽がわかっていない場合は 1 とする。葉ノード n の反証数 $dn(n)$ は T，F の場合の値が逆になる。

（1） n が葉ノードの場合：

$$pn(n) = \begin{cases} 0 & (n \text{ が } T) \\ \infty & (n \text{ が } F) \\ 1 & (\text{それ以外}) \end{cases} \tag{3.3}$$

$$dn(n) = \begin{cases} \infty & (n \text{ が } T) \\ 0 & (n \text{ が } F) \\ 1 & (\text{それ以外}) \end{cases} \tag{3.4}$$

（2） n が OR ノードの場合：n の子ノードを $n_1, n_2, \cdots, n_k$ とする。

$$pn(n) = \min_{1 \leqq i \leqq k} pn(n_i) \tag{3.5}$$

$$dn(n) = \sum_{i=1}^{k} dn(n_i) \tag{3.6}$$

（3） n が AND ノードの場合：n の子ノードを $n_1, n_2, \cdots, n_k$ とする。

$$pn(n) = \sum_{i=1}^{k} pn(n_i) \tag{3.7}$$

$$dn(n) = \min_{1 \leqq i \leqq k} dn(n_i) \tag{3.8}$$

証明数と反証数が具体的にどのような数になるか，**図 3.6** の AND–OR 木を使って説明する。ノード横の縦に並んだ数字の上が証明数，下が反証数である。ノード g はすでに T（真）とわかっているノードで，g の証明数は 0，反証数

58   3. ゲーム

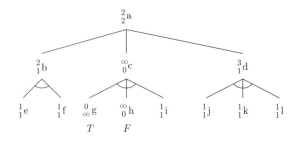

図 3.6 証明数と反証数（ノード横の縦に並んだ数字の上が証明数，下が反証数）

は ∞ である。h は F（偽）とわかっているノードで，h の証明数は ∞，反証数は 0 である。その他の葉ノードは真偽がわかっておらず，証明数，反証数共に 1 である。ノード c は AND ノードなので，証明数は子ノードの証明数の和をとる。h が ∞ なので，c の証明数は ∞ である。反証数は，子ノードの反証数の最小値をとり，0 である。これは c が真であることを反証するために，証明しなければならない葉ノードは 0 個であり，すでに反証できていることを表す。ノード b の証明数は子ノードの証明数の和 2 となり，反証数は子ノードの反証数の最小値 1 である。ノード a は OR ノードなので，証明数は子ノードの証明数の最小値 2 であり，反証数は子ノードの反証数の和 2 となる。このことから，a が T であることを証明するには，少なくとも 2 個の葉ノードが T であることを証明する必要がある。また，T であることを反証するためにも 2 個の葉ノードが T であることを反証する必要がある。具体的には a が T であるためには，{e,f} または {j,k,l} のどちらかの集合の葉ノードが T でなければならない。これらの集合のうち，要素が最も少ない集合を a の**証明集合**といい，この場合，{e,f} が証明集合である。そして，証明集合の要素数 2 が a の証明数である。一方，a が F であるためには，{e,j}，{e,k}，{e,l}，{f,j}，{f,k}，{f,l} のいずれかの集合の葉ノードが T であることを反証する必要がある。これら集合のうち，要素が最も少ない集合を a の**反証集合**といい，この例の場合は要素数が全部 2 なので，反証集合としてどれを選んでもよい。そして，反証集合の要素数 2 が a の反証数である。

重要な性質として，証明集合と反証集合には共通するノードがある．上の例ではaの証明集合は{e,f}であり，反証集合として{e,j}を選ぶと，eがどちらの集合にも入っている．この共通するノードがもしTだと証明されれば，証明数は1減り，反証数は変わらないかあるいは増える．一方，Fだと証明されれば，反証数が1減り，証明数は変わらないかあるいは増える．このように，証明集合と反証集合の共通ノードは，その真偽により証明数と反証数の一方を減らし，一方を増やす可能性がある．

この共通ノードは，ルートから AND–OR 木の枝をたどって簡単に見つけることができる．OR ノードでは証明数の最も小さい子ノードへ行くよう枝をたどり，AND ノードでは反証数の最も小さい子ノードへ行くよう枝をたどるのである（ただし，値が等しい場合は左側を優先することとする）．図 **3.7** の AND–OR 木をこのようにたどると，a, b, e, n そして最後に葉ノード r に着く．r が共通ノードである．

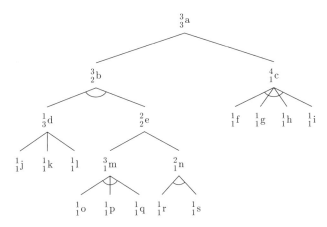

図 **3.7** 証明数と反証数（ノード横の縦に並んだ数字の上が証明数，下が反証数．r は証明集合と反証集合の共通ノード）

AND–OR 木の探索方法の一つに，証明集合と反証集合の共通ノードを展開していく**証明数探索**（proof number search）と呼ばれるものがある．証明数探索は一種の最良優先探索であり，木の情報を保持する必要があるので，必要

となる記憶容量は大きい。記憶容量の問題を解決するため，反復深化法を用いて証明数探索と同じ探索木を生成する手法も提案されている。この手法が最も効果的だったゲームの一つに詰将棋があり，長手数の難しい詰将棋を解くことに成功している。玉のコマが最終的に動けなくなるような詰み手順を求めるときに，ある局面が詰むか詰まないかの真偽を，その局面から先読みして調べる。このとき，できるだけ先読みする局面の数を少なく済ませ，効率よく行いたい。このような場合，共通ノードから調べていくことは合理的な戦略である。

3.6　MINMAX 法

先に詰将棋の例を挙げたが，ここでは普通の将棋やチェス，囲碁のようなゲームを考えよう。このようなゲームはある局面での可能な手数が多く，またなかなか勝敗がつかない。そのため，先手必勝か後手必勝かの勝敗判定などをするには，詰将棋に比べはるかに多くの局面を調べる必要があり，最新のコンピュータを使っても難しい。一方われわれは，おのおのの局面で少しその先の展開を予測し，どのような手が最善かを考えながらゲームを楽しんでいる。このように，少し先の展開を調べ，おのおのの局面での最善手を求めるプロセスならば，現実的な時間で行える。

まず，プレーヤにとってどのような手がよいのかを考える。相手が驚くような奇抜な手がよいと考えるプレーヤもあれば，できるだけ守りに徹したほうがよいと考えるプレーヤもいる。このようにプレーヤのよい手に対する考え方はさまざまである。しかし，コンピュータで最善手を求めたり，汎用性のある最善手の判断方法を見つけたい場合には，その前にプレーヤがどのような手を最善と考えるかを一般性を損なわない方法で規定しておく必要がある。すなわち，プレーヤのモデルをあらかじめ決めておかなければならない。

2人ゼロ和ゲームにおいて，プレーヤがどのような手を選ぶかの意思決定原理の一つに，**MINMAX 法**がある。MINMAX 法は，「プレーヤは自分にとって最も有利になる手を選ぶ」という原理であり，ゼロ和ゲームであることから，

相手にとっては最悪な手を選ぶことも意味する。以降では、このMINMAX法に従うプレーヤモデルを用い、一方のプレーヤを **MAX プレーヤ**、他方のプレーヤを **MIN プレーヤ**と呼ぶ。

3.6.1 局面の評価

よい手、悪い手の評価というのは、その手の結果として得られる局面の善し悪しで決まるので、ここでは局面の評価の方法について考える。局面の評価にはつぎの2通りの方法が考えられる。

- **静的評価**：その局面の情報のみを使って評価する。
- **動的評価**：その局面の先の展開を予測して評価する。すなわち、局面 n を評価するとき、n より先の局面を生成し、それらの局面の情報を使って局面 n を評価する。

静的評価には、局面 n の情報から、その善し悪しの程度を数値化する**静的評価関数** $f(n)$ を用いる。この関数の値（評価値）は、局面が MAX プレーヤに有利なほど大きく、逆の場合、小さくなるようにする。つぎのような形の静的評価関数 $f(n)$ を用いる場合が多い。

$$f(n) = f_e(n) - f_o(n) \tag{3.9}$$

ここで、$f_e(n)$，$f_o(n)$ はそれぞれ局面 n が MAX プレーヤ、MIN プレーヤにとってよいほど、大きな値になるような関数で、$f(n)$ は $f_e(n)$ から $f_o(n)$ を差し引いたものである。将棋を例にとれば、$f_e(n)$，$f_o(n)$ には以下のようなものが考えられる。

$$f_e(n) = w_1 \cdot g_1(\text{MAX プレーヤのコマの数や種類}) +$$
$$w_2 \cdot g_2(\text{MAX プレーヤの王の周りのコマの配置}) + \cdots$$
$$f_o(n) = w_1 \cdot g_1(\text{MIN プレーヤのコマの数や種類}) +$$
$$w_2 \cdot g_2(\text{MIN プレーヤの王の周りのコマの配置}) + \cdots$$

g_1 は強いコマが多くあれば大きい値になるような関数、g_2 は自分の王が安全な

ほど大きい値になるような関数，w_1, w_2 は g_1, g_2 をどの程度重要視するかを表す重みである．静的評価関数を用いた局面の評価値を**静的評価値**という．

動的評価は，先の展開を読んで行うが，これはゲーム木を生成することに対応する．図 3.8 にゲーム木の例を示す．MAX プレーヤの局面を表すノードを **MAX ノード**，MIN プレーヤの局面を表すノードを **MIN ノード**と呼ぶ．ゲーム木のノードのうち，葉ノードの局面については静的評価を行う．葉ノード以外の展開済みノードの局面 n については評価値 $f(n)$ をつぎのように定める．ただし，n_i は n の子ノードを表す．

$$f(n) = \begin{cases} \max_{1 \leq i \leq k} f(n_i) & (n \text{ が MAX ノード}) \\ \min_{1 \leq i \leq k} f(n_i) & (n \text{ が MIN ノード}) \end{cases} \quad (3.10)$$

すなわち，MAX ノードでは子ノードの最大の評価値を，MIN ノードでは最小の評価値をとり，そのノードの評価値とする．

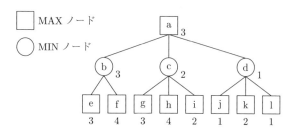

図 3.8　局面 a における MAX プレーヤの最善手は局面 b に至る手であり，局面 b における MIN プレーヤの最善手は局面 e に至る手である

図 3.8 のゲーム木は局面 a を動的評価した例である．葉ノードの局面の静的評価値が図のようになるとすると，局面 b の評価値は，子ノードの中で最小の評価値である 3 となる．これは局面 b においては，MIN プレーヤは最も自分に有利な評価値最小の局面 e になる手を選ぶことを意味する．同様に局面 c の評価値は 2，局面 d の評価値は 1 となる．局面 a の評価値は，子ノードの中で最大の評価値である 3 となる．これは局面 a においては，MAX プレーヤは最も自分に有利な評価値最大の局面 b になる手を選ぶことを意味する．よって，こ

3.6 MINMAX 法 **63**

のゲーム木において，両プレーヤが最善の手を選べば局面 e に至ることになる。

一般に，ルートの評価値は両プレーヤが最善手を選んだときに至る葉ノード
の静的評価値となり，最善手を選ぶとは，MAX ノード，MIN ノードにおいて，
それぞれ評価値最大，評価値最小の子ノードに至る手を選ぶことに対応する。

3.6.2 MINMAX 探索

前項のように，局面 n をルートとするゲーム木を求め，MINMAX 法に基づ
き評価値を計算すれば，n における最善手がわかる。ゲーム木を生成するには，
深さの上限を決め，深さ優先探索を行えばよい。

ではここで，深さ優先探索によりゲーム木を生成しながら，MINMAX 法に
基づき評価値を計算する，**MINMAX 探索**のプログラムをつくることを考え
てみよう。まず，C++STL を利用するための設定とグローバル変数宣言をプ
ログラム 3-1 のように行う。つぎに，ゲーム木や静的評価値の設定をプログラ
ム 3-2 のように行う†。ここでは図 3.9 のゲーム木を対象として，必要最小限の
情報のみあらかじめ設定しておくことにする。ゲーム木のノードの親子関係は
隣接リストで表現し，各ノードは 'a'，'b'，… のように char 型で表現する。
静的評価値はゲーム木の葉ノードについてのみ設定しておく。

―――― プログラム 3-1 (C++STL の利用とグローバル変数宣言) ――――

```
1   #include<iostream>
2   #include<vector>
3   #include<map>
4   #include<algorithm>
5   using namespace std;
6
7   //グローバル変数宣言
8   map<char, vector<char>> graph;   //グラフの隣接リスト
9   map<char, int> f;          //静的評価値
10
```

―――― プログラム 3-2 (ゲーム木と静的評価値の設定) ――――

```
11   void gen_graph(){
```

―――――――――――――――――――
† '\\' は windows 環境で半角の¥マーク二つに等しい。

64   3. ゲ ー ム

```
12    //各ノードの子ノードを設定
13    graph['a']=vector<char>{'b','c'}; graph['b']=vector<char>{'d','e'};
14    graph['c']=vector<char>{'f','g'}; graph['d']=vector<char>{'h','i'};
15    graph['e']=vector<char>{'j','k'}; graph['f']=vector<char>{'l','m'};
16    graph['g']=vector<char>{'n','o'}; graph['h']=vector<char>{'p','q'};
17    graph['i']=vector<char>{'r','s','t'};
18    graph['j']=vector<char>{'u','v'}; graph['k']=vector<char>{'w','x'};
19    graph['l']=vector<char>{'y','z'}; graph['m']=vector<char>{'&','#'};
20    graph['n']=vector<char>{'$','@'}; graph['o']=vector<char>{'%','\\'};
21
22    //葉ノードの評価値を設定
23    f['p'] = 7;  f['q'] = 5;  f['r'] = 6;  f['s'] = 2;  f['t'] = 1;
24    f['u'] = 6;  f['v'] = 8;  f['w'] = 2;  f['x'] = 8;  f['y'] = 6;
25    f['z'] = 3;  f['&'] = 2;  f['#'] = 1;  f['$'] = 2;  f['@'] = 4;
26    f['%'] = 6;  f['\\'] = 8;
27  }
28
```

プログラム 3-3 は MINMAX 探索のプログラム例である。評価値や最善手を調べたい局面のノードを n，ゲーム木の最大の深さを d とするとき，n が MAX ノードなら関数 max_search を実行し，MIN ノードなら関数 min_search を実行する。これらの関数は n の評価値を返す。関数 max_search の内部では，n の子ノード m について関数 min_search(m, d-1) を呼び出し，m をルートとする深さ d-1 のゲーム木を生成し，n をルートとする深さ d のゲーム木を再帰的に生成する。また，v の値は −∞ に初期化し，n の子ノードの評価値が v より大きい場合は，v をその評価値に更新し，すべての子ノードの評価値を調べ終わったときの v の値を返す。よって子ノードの最大評価値を返すことになる。関数 min_search の内部処理は max_search と対称であり，子ノードの最小評価値を返す。

プログラム 3-4 は max_search('a', 4) を実行し，その戻り値を印字する。

─────────── プログラム 3-3 (MINMAX 探索) ───────────

```
29    //プロトタイプ宣言
30    int max_search(char n, int d);
31    int min_search(char n, int d);
32
33    int max_search(char n, int d){
```

3.6 MINMAX 法 65

```
34    if (d == 0)  return f[n];
35    int v = -INT_MAX;  // v=-∞
36    for (char m : graph[n]){  // n の各子ノード m について
37      // v と戻り値との大きい方を v とする
38      v = max(v, min_search(m, d - 1));
39    }
40    return v;
41  }
42
43  int min_search(char n, int d){
44    if (d == 0)  return f[n];
45    int v = INT_MAX;  // v=+∞
46    for (char m : graph[n]){  // n の各子ノード m について
47      // v と戻り値との小さい方を v とする
48      v = min(v, max_search(m, d - 1));
49    }
50    return v;
51  }
52
```

──────── プログラム 3-4 (MINMAX 探索の実行方法) ────────

```
53  int main(){
54    gen_graph();
55    //深さ 4 の探索によりノード a の評価値を求め，印字する
56    cout << max_search('a', 4) << endl;
57    return 0;
58  }
```

図 3.9 には，プログラムを実行したときの，評価値 v の値の変化の様子を示
す．矢印は探索するノードの順を表す．例えば，MIN ノード h では，v の値は
+∞, 7, 5 のように変化する．MAX ノード d において v の初期値は −∞ であ
り，子ノード h 以降の探索が終了すると値 5 に更新される．つぎに子ノード i
以降の探索が終了すると値 1 が返されるが，現在の値 5 のほうが大きいので更
新しない．ノード d の子ノードをすべて探索し終わったら，その時点の v の値
である 5 を返す．

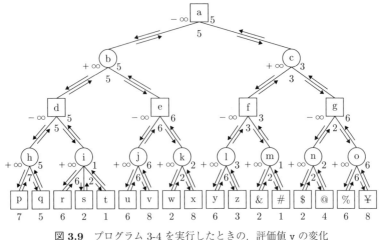

図 3.9　プログラム 3-4 を実行したときの，評価値 v の変化

3.7　$\alpha\beta$ 法

MINMAX 探索では，ある深さまでの可能な手をすべて調べてゲーム木を生成するが，実は，探索の過程で調べる必要のない手がある。すなわち，その手は最善手に含まれず，またその手（枝）以降の木はルートの局面の評価値に影響しないような手がある。$\alpha\beta$ 法はこのような手を調べないようにして，探索を効率化する方法である。

図 3.10 (a) のゲーム木を MINMAX 探索する場合を考える。ノード e まで探索すると，MIN ノード b の評価値は 3 となる。この時点で MAX ノード a は小さくとも評価値 3 の手があることがわかる。言い換えれば，MAX ノード a の評価値の下限が 3 である。つぎに，ノード f まで探索すると MIN ノード c には大きくとも評価値 2 の手があることがわかる。言い換えれば，MIN ノード c の評価値の上限が 2 である。さて，ノード c の評価値は，他の子ノードを調べたとしても 2 より大きくはならない。一方，ノード a では 3 以上の手があるので，ノード c に至るような手を MAX プレーヤは選ばないはずである。よって，ノード c の子ノード f より右にある子ノード (g) を探索しても，ノード a

3.7 $\alpha\beta$ 法   67

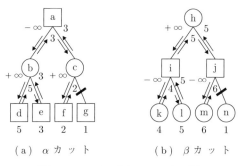

図 3.10 α カットと β カットの例

の評価値，最善手は変わらず，そのような探索は無駄である。

つぎに，図 3.10（b）のゲーム木を MINMAX 探索する場合を考える。ノード l まで探索すると，MIN ノード h は大きくても評価値 5 の手があることがわかり，h の評価値の上限が 5 となる。つぎに，ノード m まで探索すると MAX ノード j の評価値は小さくても 6 以上であることがわかる。ノード j の評価値は，他の子ノードを調べたとしても 6 より小さくならず，一方，ノード h では 5 以下の手があるので，ノード j に至るような手を MIN プレーヤは選ばないはずである。よって，ノード j の子ノード m より右にある子ノード（n）を探索しても，ノード h の評価値，最善手は変わらず，そのような探索は無駄である。

MAX ノードにおける評価値の下限を α，MIN ノードにおける評価値の上限を β とし，先祖のノードの α 値または β 値を利用して，現在調べているノード n の評価値が先祖の評価値に影響を与えないと判断できるに場合に，ノード n の探索を打ち切ることを，**α カット**あるいは **β カット**という。

- $\underline{\alpha カット}$：MAX プレーヤは，先祖の MAX ノードにおいて α 以上になる手を選べるなら，α 以下になることが確定した MIN ノードに至る手は選ばない。よって，そのような MIN ノードの探索を打ち切ってよい。
- $\underline{\beta カット}$：MIN プレーヤは，先祖の MIN ノードにおいて β 以下になる手を選べるなら，β 以上になることが確定した MAX ノードに至る手は選ばない。よって，そのような MAX ノードは探索を打ち切ってよい。

α カット，β カットをまとめて $\alpha\beta$ カットと呼び，これを使った探索を $\alpha\beta$ 探索という．図 3.11 の例を用いて，どこで探索を打ち切ることができるかを確認してみよう．

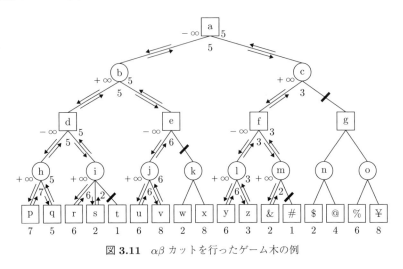

図 3.11 $\alpha\beta$ カットを行ったゲーム木の例

MAX ノード d では，子ノード h の探索が終了した時点で $\alpha = 5$ となる．すなわち d の評価値は 5 以上となることがわかる．したがって，子ノード i 以降の MIN ノードについては，5 以下となることがわかった時点でその MIN ノード以降の探索を打ち切ってよい．MIN ノード i 以降の探索では，s を調べた時点で i の β 値が 2 となる．すなわち i の評価値が 2 以下となることがわかるので，i のつぎの子ノード t については，評価値を調べる必要はない．MIN ノード b では，子ノード d の探索を終了した時点で $\beta = 5$ となる．したがって，子ノード e 以降の MAX ノードについては 5 以上となるとわかった時点で，その MAX ノード以降の探索を打ち切ってよい．MAX ノード e 以降の探索では，j 以降を調べた時点で e の α 値が 6 となる．すなわち e の評価値は 5 以上となることがわかるので，e のつぎの子ノード k については，評価値を調べる必要がない．MAX ノード a では，子ノード b の探索が終了した時点で $\alpha = 5$ となる．したがって，子ノード c 以降の MIN ノードについては，5 以下となるとわかっ

た時点でその MIN ノード以降の探索を打ち切ってよい。例えば，MIN ノード m については，& を調べた時点で m の β 値が 2 となるので，m 以降の探索を打ち切ってよい。また，MIN ノード c については，子ノード f 以降の探索が終了した時点で c の β 値が 3 となるので，c 以降の探索を打ち切ってよい。

　プログラム 3-5 は $\alpha\beta$ 探索のプログラム例である。α カット，β カットを行うために先祖の α 値，β 値を知る必要があるが，これを効率よくするには親ノードの α 値，β 値を受け取り，これらの更新値を子ノード以降の探索に引き継げばよい。関数 `ab_max_search` では MAX ノード n の子ノード m について，関数 `ab_min_search` を呼び出し，その戻り値と α 値のどちらか大きいほうの値に α 値を更新する。もし，その α 値が $\alpha \geqq \beta$ となるなら，β カットができるので探索を打ち切る。このときにリターンする値は，親の MIN ノードの評価値に影響を与えない β 以上の値とする（プログラムでは β の値とした）。$\alpha < \beta$ ならば，つぎの子ノード以降の探索を行う。このとき更新した α 値と親から受け取った β 値を子ノードに渡す。すべての子ノードの探索を行った後は更新した α 値をリターンする。MIN ノードにおいては，子ノードからの戻り値と β 値の小さいほうに β 値を更新する。もし，その β 値が $\alpha \geqq \beta$ となるなら，α カットができるので探索を打ち切る。このときにリターンする値は親の MAX ノードの評価値に影響を与えない α 以下の値とする（プログラムでは α の値とした）。$\alpha < \beta$ ならば，つぎの子ノード以降の探索を行う。このとき更新した β 値と親から受け取った α 値を子ノードに渡す。すべての子ノードの探索を行った後は更新した β 値をリターンする。

―――――――――― プログラム 3-5 ($\alpha\beta$ 探索) ――――――――――

```
//プロトタイプ宣言
int ab_max_search(char n, int d, int alpha, int beta);
int ab_min_search(char n, int d, int alpha, int beta);

int ab_max_search(char n, int d, int alpha, int beta){
  if (d == 0)  return f[n];
  for (char m : graph[n]){  // n の各子ノード m について
    // alpha と戻り値との大きい方を alpha とする
    alpha = max(alpha, ab_min_search(m, d - 1, alpha, beta));
```

```
    if (alpha >= beta)  return beta;   // βカット
  }
  return alpha;
}

int ab_min_search(char n, int d, int alpha, int beta){
  if (d == 0)  return f[n];
  for (char m : graph[n]){   // n の各子ノード m について
    // beta と戻り値との大きい方を beta とする
    beta = min(beta, ab_max_search(m, d - 1, alpha, beta));
    if (alpha >= beta)  return alpha;   // αカット
  }
  return beta;
}
```

探索を実行するときはプログラム 3-6 のようにすればよい。$\alpha = -\infty$, $\beta = \infty$ とするのは，一般に探索前は下限値，上限値共にわからないからである。

---------- プログラム 3-6 ($\alpha\beta$ 探索の実行方法) ----------
```
int main(){
  gen_graph();
  //深さ 4 の探索によりノード a の評価値を求め，印字する
  cout << ab_max_search('a', 4, -INT_MAX, INT_MAX) << endl;
  return 0;
}
```

図 3.12 にはプログラム 3-6 を実行したときの，α, β の値の変化および探索

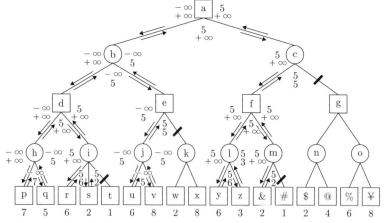

図 3.12　プログラム 3-6 を実行したときの，α, β の値の変化と $\alpha\beta$ カットの様子

されなかった手（枝）を示す。各ノードには各時点の α, β の値を縦に並べて示している。

3.8 ゲームプログラミングの進展

3.8.1 いろいろな手法

人間との対戦にも耐えられるような，強いプログラムをつくることがゲーム研究分野の一つの目標であり，このためのさまざまな工夫がゲーム研究が始まった当初より行われている。

（1） **Negamax 法**　MINMAX 法において，MAX プレーヤは評価値が最大となる手を，MIN プレーヤは評価値が最小となる手を選ぶとした。**Negamax 法**ではこれを「プレーヤは自分にとっての評価値が最大になるような手を選ぶ」と言い換える。MINMAX 法における静的評価関数が $f(n)$ のとき，Negamax 法においては，MIN ノードである葉ノードの評価値を $-f(n)$ とし，MAX ノードである葉ノードの評価値は $f(n)$ とする。また，葉ノード以外の展開済みノードの局面 n に関する評価値 $f(n)$ はつぎのように計算する。ここで，n_i は子ノードを表す。

$$f(n) = \max_{1 \leqq i \leqq k} \{-f(n_i)\} \tag{3.11}$$

この式は，相手の最悪の手が自分にとって最もよい手ということを意味しており，MINMAX 法の考え方と同じである。しかし，プログラムをつくる際に葉ノード以外の評価値の計算方法が一つしかなく，MINMAX 探索のように MAX ノードと MIN ノードの場合に分けて書く必要がなくなる。これは，$\alpha\beta$ 探索のプログラムについてもいえる。

（2）　**反復深化 $\alpha\beta$ 探索**　いろいろなゲームについて，毎年，コンピュータプログラム同士の対戦が行われている。多くの場合，制限時間が決まっていて，ある時間内につぎの 1 手を決めないといけない。このため，$\alpha\beta$ 探索における深さの上限をどの程度にするかが問題となる。大きくすれば，よりよい手

が見つかる可能性があるが，一方で探索に要する時間が大きくなる。**反復深化 $\alpha\beta$ 探索**は深さの上限を一つずつ増やしながら $\alpha\beta$ 探索を反復する方法である。ある回の探索で時間切れとなれば，前回の探索で得られた最善手を使えばよいので，上記の問題は解決される。また，前回の探索で見つかった最善手から探索すると $\alpha\beta$ カットが起こりやすく，効率よく探索できる。

（3）局 面 表　　局面の情報を記録した表を**局面表**と呼び，高速な検索のためにハッシュ表で実現することが多い。一度探索した局面について，評価値やその評価値を求めたときの探索の深さ，その局面における最善手などを記録する。探索の過程で，局面表にヒットする局面があれば，これらの情報を用いてその局面以降の探索を進めるか，あるいは打ち切るかを判断する。

（4）モンテカルロ木探索　　MINMAX 探索や $\alpha\beta$ 探索は，ゲーム木探索研究の最も初期の成果である。今日に至るまで，さまざまな探索手法が提案されている。その一つとして**モンテカルロ木探索**（Monte Carlo tree search）を取り上げる。可能な手の数が多く，静的評価関数の設計が難しいゲームに有効とされる探索手法である。探索木の葉ノード n を評価するとき，n の子ノード n_i 以降のノードは複数の手があったとしても，そのうちの一つしか調べず，ゲームの勝敗が決まるまで手を進める。これを**プレイアウト**という。プレイアウトにより各 n_i について勝ち負け，引分けが決まり，それらの勝った割合を n の勝率とする。このように，葉ノードの勝率を求め，勝率がある閾値以上の葉ノードは展開し，その子ノードについて n と同様に勝率を求める。図 **3.13** にはモンテカルロ木探索の様子を示す。プレイアウトの結果の勝ち，負けを T，F で

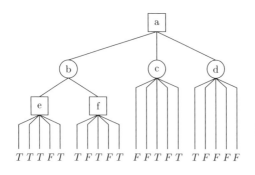

図 3.13　モンテカルロ木探索の例

表しており，勝率が最も高い葉ノードはeとなる。

囲碁は強いプログラムをつくることが最も難しいゲームの一つであるが，囲碁においてモンテカルロ木探索の有効性が確認されている。

3.8.2 パズルやゲームの解を求める試みの事例

パズルの最適手順を求めたり，2人ゲームの必勝手順を求めることも，さまざまなゲームについて試みられている。

（1）ルービックキューブ　ルービックキューブ（Rubik's cube）は26個の小立方体によって構成される立方体（立方体の中心には小立方体はない）を使ったパズルである。立方体の各面の中心にある小立方体を**センターキューブ**，立方体の角にある小立方体を**コーナーキューブ**，立方体の稜線の中心にある小立方体を**エッジキューブ**といい，それぞれ6個，8個，12個ある。立方体の各面は1個のセンターキューブ，4個のコーナーキューブ，4個のエッジキューブの面で構成されていて，6面すべての色がそろった状態が目標状態となる。そろえるときに許される操作は各面の回転であり，一つの面を$90°$，$180°$あるいは$-90°$回転させることを1回の操作として，各状態において$6 \times 3 = 18$通りの操作の仕方がある。操作により，その面のコーナーキューブ，エッジキューブの位置は変わるが，センターキューブの位置は変わらない。

目標状態に遷移可能な状態の数は$8! \times 3^8 \times 12! \times 2^{12}/12$であることが知られている。ここで，$8!$はコーナーキューブの配置の仕方の数を表す。$3^8$はコーナーキューブの面の向きの設定の仕方の数を表す。同様に$12!$はエッジキューブの配置の仕方の数，2^{12}はエッジキューブの面の向きの設定の仕方の数を表す。すなわち，ルービックキューブをバラバラにした後，立方体を組み上げる場合，$8! \times 3^8 \times 12! \times 2^{12}$通りの組上げ方がある。この数を12で割った数が目標状態に遷移できる状態（目標状態を含む）の数である。なぜ12で割るのかは，8–パズルの状態数を調べたときと同様に群論を使って説明できるが，ここでは省略する。

ルービックキューブを研究対象としていた研究者が関心をもっていたものは，

ある状態から目標状態までの操作回数の最小値（最小手数）である。数種類の操作パターンを繰り返してルービックキューブが解けることはよく知られているが，それは必ずしも最小手数とはならない。1990 年代には前章で述べた IDA^* を使って，ランダムに与えられた状態についての最小手数を求める試みがなされた。その際，コーナーキューブあるいはエッジキューブのみをそろえるという部分問題の解を使って，ヒューリスティック関数を構成した。そして，2010 年 7 月，ついに「神の数（God's Number）は 20 であることが証明された」という記事が新聞に掲載された。「神の数」というのは，少なくとも一つの状態については，そろうまでにその数の操作回数が必要であり，一方で，どんな状態からでもその数以内の操作回数でそろう，という数である。言い換えれば，すべての状態を対象としたときの最小手数の下限と上限である。神の数を証明するためには，$8! \times 3^8 \times 12! \times 2^{12}/12$ 通りあるすべての状態を解く必要があるが，某大手検索サービス会社のコンピュータリソースを使って数週間で解いたと報告されている。

（2）ヘックス　　ヘックス（Hex）は六角形のマス目が $n \times n$ 個並んだ盤を使うゲームである。図 **3.14** には 8×8 の盤を示す。Black プレーヤと White プレーヤが交互に，それぞれ黒コマと白コマを置いていき，Black プレーヤは左上と右下の黒壁が黒コマでつながったら勝ち，White プレーヤは左下と右上の白壁が白コマでつながったら勝ちとなる。このゲームには引分けはない。引分けとなるのは双方が壁をつなげることができない状態となることだが，白コマが白壁をつなげることができない状態というのは，黒コマが白壁の間を隙間なく埋めているときで，このときは黒コマは黒壁をつないだ状態となっているからで

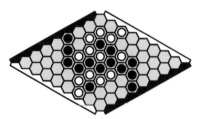

図 **3.14**　8×8 Hex

ある。このゲームは先手が有利のように思えるが，実際に先手必勝であること
が，ゲーム理論学者でノーベル経済学賞を受賞したナッシュにより証明されてい
る。ナッシュの用いた証明方法は，後手必勝と仮定して矛盾を導くものである。

先手を Black プレーヤ，後手を White プレーヤとする。Black プレーヤは，
まず任意の場所に黒コマを置いて，それ以降はそのコマがないものとして，後
手必勝の手順をまねて黒コマを置いていく。このとき，任意に置いたコマが後
手必勝の手順の位置と同じ場所にあるときは，最初と同様に任意の場所に黒コ
マを置く。このように進めると，任意の場所に置いたコマは一つ余分になるが，
先手の手順は後手必勝の手順と同じ手順でコマを置いたことと等しくなる。任
意の場所に置いたコマが先手に不利に働くことは決してないので，先手は後手必
勝の手順で勝てることになる。これは後手必勝の手順があるという仮定に矛盾
するので，後手必勝の手順はない。また，引分けはないので，先手必勝である。

この証明方法は，自分の手が，その手の後にも自分にとって決して不利に働
かないという性質をもつような他のゲームにも適用できる。一方で，残念なが
ら，この証明は具体的な必勝手順についてはなんのヒントも与えてくれない。

ヘックスは，ルールが単純で先手必勝がわかっている，ということからゲー
ム木探索の研究分野においてよく題材に用いられており，現在も，いろいろな n
の場合の必勝手順を求める試みや，対戦を目的とした強いプログラムの開発が
行われている。また，ヘックスならではのユニークな局面評価方法も見つかっ
ており，それを紹介する。ヘックスの局面を評価するための比較的簡単な方法
として，最短距離，すなわち壁と壁とをつなぐのに必要な最小のコマの個数を評
価値として使うことが思い付く。しかし，この評価値は最短距離に貢献してい
るコマのみに依存するので，それ以外のコマの潜在的な価値がこの評価方法で
は無視されてしまう。ヘックスの場合，自分のコマは自分にとって決して不利
に働かないので，その潜在価値も含めた評価関数が望まれる。このような評価
関数を設計するために，電気回路のモデルを使った方法が提案されている。こ
れは**図 3.15** のような二つの回路，Black 回路と White 回路を考え，それぞれ
の回路における抵抗値を評価関数に利用するものである。まず，Black 回路と

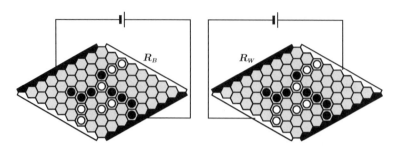

図 3.15　局面の評価に用いる Black 回路と White 回路

White 回路における各マス目 c の抵抗値を，それぞれつぎのように定義する。

Black 回路：

$r_B(c) = 1$ 　　　c が空の場合

$r_B(c) = 0$ 　　　c に黒石がある場合　　　　　　　　　　(3.12)

$r_B(c) = \infty$ 　　　c に白石がある場合

White 回路：

$r_W(c) = 1$ 　　　c が空の場合

$r_W(c) = 0$ 　　　c に白石がある場合　　　　　　　　　　(3.13)

$r_W(c) = \infty$ 　　　c に黒石がある場合

また，隣接するマス目の抵抗値は $r_B(c_1, c_2) = r_B(c_1) + r_B(c_2)$，$r_W(c_1, c_2) = r_W(c_1) + r_W(c_2)$ のように足し合せができるものとする。図 3.15 のように電圧をかければ，黒壁の間，白壁の間の抵抗値 R_B，R_W を計測することができ，電気回路におけるキルヒホッフの法則より，この抵抗値は壁をつなげるのに必要なコマの数やつなげ方の数を反映することになる。

評価値 E はつぎのように定義する。

$$E = \frac{R_B}{R_W} \tag{3.14}$$

$E = 0$ ならば黒壁が黒石でつながっており，$E = \infty$ なら白壁が白石でつながっていることになる。また，E が小さいほど Black プレーヤに有利であると考えることができる。

演習問題

【1】 図3.16に示す8–パズルの二つの状態は空白の移動で移り合うことができるか。

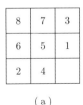

図 3.16 8–パズルの状態例

【2】 8–パズルにおける空白の移動を表す巡回置換 $\sigma_{4,9}^{-1}$ を，図3.16 (a) の状態に施すとどのような状態になるか。また，その後空白を左に一つ移動して，さらに上に一つ移動する操作はどのような巡回置換で表されるか。

【3】 図3.16 (b) を目標状態としたとき，図 (a) の状態をマンハッタン距離を使った評価関数で評価せよ。

【4】 8–パズルのヒューリスティック関数を設計せよ。

【5】 石取りゲーム (6, 3), (7, 3), (8, 3) はそれぞれ先手・後手どちらの必勝か。

【6】 図3.17 の AND–OR 木について，各ノードの証明数，反証数を求めよ。また，証明集合，反証集合をそれぞれ一つずつ求めよ。ただし，葉ノードの真偽は不明とする。

【7】 図3.7 の AND–OR 木について，r が証明集合と反証集合の共通ノードであることを確認せよ。

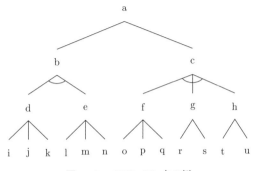

図 3.17 AND–OR 木の例

【8】 五目並べの静的評価関数について考えよ。

【9】 図 3.18 のゲーム木について，MINMAX 探索の過程における各ノードの評価値の変化を示せ。

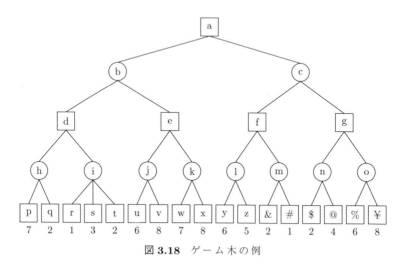

図 3.18　ゲーム木の例

【10】 図 3.18 のゲーム木について，$\alpha\beta$ 探索の過程における各ノードの α 値, β 値の変化および $\alpha\beta$ カットの様子を示せ。

【11】 図 3.18 のゲーム木について，たがいに最善を尽くしたときに至る葉ノードが一番左側に来るよう，ノード間の親子関係を維持しながら，ゲーム木を変形せよ。そして，$\alpha\beta$ 探索の過程における各ノードの α 値, β 値の変化および $\alpha\beta$ カットの様子を示せ。

========第Ⅱ部 機 械 学 習========

4 進化的計算

　進化的計算とは，生物の進化の仕組みから着想を得た解探索手法である。本章では，進化的計算手法の中から，4.1 節で遺伝的アルゴリズム，4.2 節で遺伝的プログラミング，4.3 節で差分進化，4.4 節で粒子群最適化，4.5 節で対話型進化計算について説明する。

4.1　遺伝的アルゴリズム

　遺伝的アルゴリズム（genetic algorithm，**GA**）は，ダーウィンの進化論を参考にしたアルゴリズムである。ダーウィンの進化論は，生存競争[†1]を勝ち残った者が子孫をつくるという適者生存[†2]の原理に基づく理論である。

　生物において，各個体の形質情報は，ゲノム（染色体もしくは遺伝子全体）の中に記されている。これは**遺伝子型**（genotype，**GTYPE**）と呼ばれる。両性を有する生物であれば，両親双方の遺伝子型が子孫に受け継がれていくことで徐々に生物が環境に適応していく。GA では，生物と同様に遺伝子型が進化の操作（遺伝的操作）の対象となり，その情報をプログラムで書き換える。遺伝子型のデータ構造には，配列構造などが用いられる。遺伝子型には，遺伝子が

　[†1]　生物が行う競争は生存のためだけではないため，単に「競争」とも呼ばれる。
　[†2]　生物学では「自然淘汰」，もしくは「自然選択」という用語を用いる。

80   4. 進 化 的 計 算

格納されている。遺伝子型の長さを**遺伝子長**と呼ぶ。各遺伝子の位置は**遺伝子座**と呼ばれる。遺伝子座は，GA では配列番号などが対応する。各遺伝子座は，それぞれの役割をもっており，発現させる形質を決定づける。一つの遺伝子座に保持される情報が 2 種類の場合は，GA では遺伝子として{0,1}を用いればよく，複数の場合には，その数だけ遺伝子の種類を用意すればよい。また，一つの遺伝子座に置かれる遺伝子の種類は，**対立遺伝子**と呼ばれる。発現した形質は**表現型**（phenotype，**PTYPE**）と呼ばれる。各個体は，表現型によって環境にどの程度適しているかが評価される。この評価基準を**適合度**（fitness）という。適合度の大小によってその個体の子孫を残せる確率が決定される。適合度は一般的に非負である。

表 4.1 に GA の用語とその設定例を，プログラム 4-1 に具体的なプログラム例を示す。

表 4.1　GA 設定の一例

GA の用語	設　定　例
遺 伝 子 型	配列構造
遺 伝 子 長	配列構造の長さ（5 とする）
遺 伝 子 座	配列番号
対立遺伝子	{0,1}
集団サイズ	100
表 　 現 　 型	配列内の数値を 2 進数とみなした値（x とする）
適 　 合 　 度	$f(x) = -x^2 + 18x + 419$（x は表現型）

──────── プログラム 4-1 (個体を表現するデータ構造の一例) ────────

```
1   #define L        5 // 遺伝子長
2   #define ALLELE   2 // 対立遺伝子数。すべての遺伝子座で共通とする
3   #define N      100 // 集団サイズ（一世代の総個体数）
4
5   struct Individual {
6     int    gene[L];  // 遺伝子型
7     double fitness;  // 適合度
8   };
9
10  Individual indiv[N]; // 個体集団
```

表4.1の例では，例えば遺伝子型が[10001]のとき，表現型は$x = 2^4 + 2^0 = 17$となり，適合度$f(17) = 436$を得る。したがって，$x = 9$すなわち遺伝子型が[00101]のときに適合度500で最大，$x = 31$すなわち遺伝子型が[11111]のときに適合度16で最小となる。プログラム4-1では，対立遺伝子は2種類（$\{0,1\}$）なので定数 ALLELE は2に，遺伝子長は5なので定数 L は5に，集団サイズは100なので定数 N は100に設定する。なお，**集団サイズ**とは，一世代の総個体数である。個体のデータ構造には構造体 Individual を使用し，遺伝子型を int 型の配列変数 gene[] で，適合度を double 型の変数 fitness で保持する。また，構造体 Individual の配列変数 indiv[] によって個体の集団を形成する。

GAでは，図4.1のアルゴリズムによって進化の過程を模倣し，解空間を探索する。まず，「個体の生成」によって，初期集団を生成する。つぎに，集団内のすべての個体を評価する（「個体の評価」）。評価された個体の中で，終了条件を満たすものが存在すれば，アルゴリズムを終了する。そうでなければ，「選択」，「交叉・突然変異」の処理を行い，再び個体を評価する[†]。この手続きを繰り返すことによって，準最適解を求める。

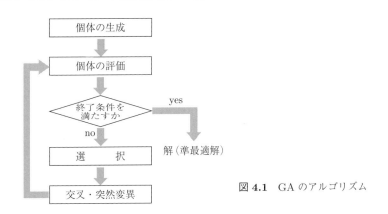

図 4.1　GAのアルゴリズム

GAを実装する際の三つの要点をつぎに示す。
1. <u>自然淘汰</u>：適者（環境の変化に対応できたもの，個体間の競争に勝った

[†] 選択，交叉，突然変異については，この節の各項で説明する。

82　　　4.　進　化　的　計　算

もの）が残る。

2.　形質の遺伝：親の形質は子に遺伝する。

3.　個体の変異：なんらかの原因で個体が変異する。

これらの三つは**遺伝的操作**と呼ばれる。図 4.1 において，自然淘汰は「選択」，
形質の遺伝は「交叉」，個体の変異は「突然変異」に対応する。それぞれの具体
的な処理を順に説明する。

4.1.1　選　　　　択

　自然淘汰の考えは GA では**選択**と呼ばれ，適合度に応じて個体を選び出す操
作である。代表的な選択の手法としては，ルーレット方式，ランキング方式，
トーナメント方式，エリート戦略がある。

ルーレット方式：適合度に比例した割合で個体を選択する方法である。個体 i
の適合度を f_i $(f_i > 0)$ と表記すると，各個体の選択確率 p_i は以下の式
で表される。

$$p_i = \frac{f_i}{\displaystyle\sum_{k=1}^{N} f_k} \tag{4.1}$$

ただし，N は集団サイズである。上式からわかるように，ルーレット選
択では，p_i の値に比例して選択される確率が上昇する。ルーレット方式
のアルゴリズムをプログラム 4-2 に示す。

──────── プログラム **4-2** (ルーレット方式) ────────

```
1   int roulette_selection() {
2     int k;
3     double r, t = 0, tf = 0;
4     for (k = 0; k < N; k++) {  // N は集団サイズ
5       t += indiv[k].fitness; // 個体 k の適合度を加算
6     }
7     r = random() * t;    // random() は区間 [0,1) の乱数発生関数
8     for (k = 0; k < N; k++) {
9       tf += indiv[k].fitness;
10      if (r < tf) {
11        return k;            // 個体 k を選択して終了
```

```
12        }
13      }
14  }
```

ランキング方式：あらかじめ決めておいた確率で個体を選択する方法である。
例えば，適合度が 1 位の個体の選択確率を p_1，2 位の個体の選択確率を
p_2，… といった具合に設定する。ルーレット方式は，ある遺伝子型をも
つ個体の適合度だけが非常に高いと，ルーレットを占める割合に大きな
偏りが生じるため，それ以外の個体がきわめて選ばれにくくなる。他方，
ランキング方式では，選択される可能性をすべての個体に任意の割合で
設定できる。また，適合度にあまり差がない場合には，ルーレット選択
を適用するとほぼ同じ確率で個体が選ばれるが，ランキング方式では指
定した確率で個体が選択される。

トーナメント方式：ある個体数（トーナメントサイズという）を選び出して，そ
の中で一番よいものを選択する。これを集団サイズに達するまで繰り返
す方法である。

エリート戦略：適合度の高い個体をそのまま次世代へ残す方法であり，上記の
三つの手法と併用される。次世代に残す個体数を**エリート数**と呼ぶ。エ
リート戦略によって，選択によって解が悪い方向に向かわないことが保
証される。

プログラム 4-2 では，まず，現在の集団 `indiv[]` 内に存在する個体の適合度の
総和を求め，変数 `t` に保持する。つぎに，変数 `r` に 0 以上 `t` 未満の整数をラン
ダムに保持する。ここで，1 番目の個体の適合度を tf_1 とすると，tf_1 が `r` 以上
になる確率は，tf_1/t となる。したがって，tf_1 と `r` の値を比較することで，そ
の個体のルーレット選択が実現できる。2 番目の個体は，その適合度を tf_2 とす
ると，tf_1 はすでに判定済みであるため $(tf_1 + tf_2)$ と `r` の値を比較することで，
その個体のルーレット選択となる（**図 4.2**）。以下同様に，i 番目の個体のルー
レット選択は，$\left(\displaystyle\sum_{k=1}^{i} tf_k \right)$ と `r` の値を比較で行える。$\left(\displaystyle\sum_{k=1}^{i} tf_k \right)$ の値は，プロ

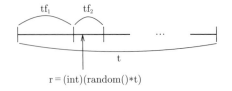

図 4.2 ルーレット選択の仕組み（適合度 tf_1 が r 以上になる，すなわちルーレットにあたる確率は，tf_1/t である。(tf_1+tf_2) が r 以上になる確率は，$(tf_1+tf_2)/t$ である。このとき，tf_1 はすでに判定済みであるため，(tf_1+tf_2) と r の比較によって，2 個体目のルーレット選択が行える）

グラムでは変数 tf に保持されている。

適合度が 8，5，3，2 からなる 4 個体の例を示そう。ルーレット方式では，適合度 8 の個体が選択される確率は，$8/(8+5+3+2)=0.44$，適合度 5 の個体が選択される確率は，$5/(8+5+3+2)=0.28$ となる。ランキング方式では，例えば，1 位を 0.5，2 位を 0.25，3 位を 0.15，4 位を 0.1 の確率で選択するなどの設定が考えられる。トーナメント方式では，2 個体ランダムに選び，そのうち適合度の高い個体を選ぶ，などがある。例えば，適合度 5 と適合度 2 の個体が選ばれたとすると，適合度 5 の個体が選択される。エリート戦略では，例えば 1 位の個体が自動的に次世代に残るとすると，適合度 8 の個体が自動的に次世代に残ることになる。

4.1.2 交　　叉

交叉は，遺伝子型の一部を別の個体の遺伝子型の一部で置換するという，生物の進化方法をモデル化した操作である。これにより，2 個体（親個体）の性質を受け継いだ個体（子個体）を生成する。代表的な交叉方法を以下に示す。

一点交叉：遺伝子型から入れ替える位置（交叉点）を 1 箇所決定し，その場所より後ろを入れ替える（図 4.3 (a)）。

二点交叉：遺伝子型から交叉点を 2 箇所決定し，挟まれている部分を入れ替える（図 (b)）。

4.1 遺伝的アルゴリズム　　*85*

親 1:	000|101101		子 1:	000|011011
親 2:	101|011011	$\Longrightarrow$	子 2:	101|101101

（ a ）　一 点 交 叉

親 1:	0001|011|01		子 1:	0001|110|01
親 2:	1010|110|11	$\Longrightarrow$	子 2:	1010|011|11

（ b ）　二 点 交 叉

親 1:	00|010|11|01		子 1:	00|101|11|11
親 2:	10|101|10|11	$\Longrightarrow$	子 2:	10|010|10|01

（ c ）　多点交叉（3 点の場合）

親 1:	000101101		子 1:	001001111
親 2:	101011011	$\Longrightarrow$	子 2:	100111001
マスク:	001100010			

（ d ）　一 様 交 叉

図 **4.3**　GA における交叉

多点交叉：遺伝子型から交叉点を n 箇所決定し，交互に入れ替える（図（ c ））。

一様交叉：$\{0, 1\}$ をランダムに発生させて**マスクパターン**[†1] を作成し，**マスク**[†2] が 0 であれば，親 1 の遺伝子を子 1 の遺伝子として，1 であれば親 1 の遺伝子を子 2 の遺伝子として引き継がせる（図（ d ））。プログラム 4-3 に一様交叉の実装例を示す。

プログラム 4-3 では，2 体の親個体の引数 parent1，parent2 の遺伝子を 2 体の子個体 child1，child2 に遺伝させる。プログラムでは，マスクパターンを明示的に生成していないが，各遺伝子座の遺伝子は 2 分の 1 の確率でそれぞれの子個体にコピーされるため，一様交叉といえる。

―――――― **プログラム 4-3**（一様交叉）――――――

```
1   // 引数 child1, child2 は子個体, parent1, parent2 は選択された親個体
2   void uniform_crossover(Individual* child1, Individual* child2,
3                          Individual* parent1, Individual* parent2) {
4     int i;
5     for (i = 0; i < L; i++) { // L は遺伝子長
6       if (random() < 0.5) {   // random() は区間 [0,1) の乱数発生関数
7         child1->gene[i] = parent1->gene[i];
```

†1　各遺伝子座に 0 または 1 を割り当てたビット列のこと。
†2　各遺伝子座に対応したビットのこと。

86   4. 進 化 的 計 算

```
8       child2->gene[i] = parent2->gene[i];
9     } else {
10      child1->gene[i] = parent2->gene[i];
11      child2->gene[i] = parent1->gene[i];
12    }
13  }
14 }
```

4.1.3 突 然 変 異

突然変異は，ある遺伝子座の遺伝子を他の対立遺伝子に置き換える操作である。例えば，対立遺伝子を $\{0, 1\}$ としたときの突然変異では，各個体の遺伝子を任意の確率で，0 であれば 1 に，1 であれば 0 に置換する（図 **4.4**）。突然変異を用いないと，集団内の個体が有する遺伝子型に依存した範囲しか探索できないため，局所解に陥る可能性が生じる。突然変異の生起確率を**突然変異率**と呼ぶ。プログラム 4-4 に突然変異の実装例を示す。

突然変異前: 0100101 ⟹ 突然変異後: 0100001

図 **4.4** GA における突然変異（下線部は突然変異が発
生した遺伝子を表す）

─────────── プログラム **4-4** (突然変異) ───────────

```
1   #define P 0.03 // 突然変異率
2
3   void mutation(Individual* indiv) {
4     int pos; // 突然変異が生じる遺伝子座
5     int g;   // 突然変異後の遺伝子
6     if (random() < P) {           // random() は区間 [0,1) の乱数発生関数
7       pos = (int)(random() * L);    // L は遺伝子長
8       // ALLELE は対立遺伝子の数
9       while (indiv->gene[pos] == (g = (int)(random() * ALLELE)));
10      indiv->gene[pos] = g;
11    }
12  }
```

プログラム 4-4 では，ある個体 indiv に対して，確率 P で突然変異を行う。突然変異が行われる場合，一つの遺伝子座 pos がランダムに選択され，その遺

伝子 gene[pos] が対立遺伝子 g に置き換えられる。また，同一の遺伝子に置換されないようにするために，while 文を用いている。

4.1.4 GA による探索の具体例

アルファベットの小文字 26 文字，およびスペースを使用して，ランダムに文字を選択すると，17 文字の文字列「genetic algorithm」がタイプされる確率は，$(1/27)^{17}$ である。この空間から，文字列「genetic algorithm」を GA で探索する。

個体表現は，遺伝子長を 17，各遺伝子座に「a」〜「z」およびスペースを遺伝子として配置する（対立遺伝子の数は 27 となる）。適合度は解「genetic algorithm」と各個体の遺伝子型との**ハミング距離**[†] とする。したがって，適合度 0 が最適解となる。各パラメータは，集団サイズを 1 000，選択方法をルーレット選択およびエリート戦略（エリート数 30），突然変異率を 0.03 とする。

実験結果を**表 4.2** に示す。同表に示すとおり，15 世代目で解を発見できた。このように GA は，前世代の解の有用な特徴を利用して，より優れた解を見つけることができる手法である。

表 4.2　各世代における最適解の変容

世代	文　字　列	適合度
0	njnygzcmgjtolaiim	13
3	pethyhcwblgotdthm	9
7	genecac alaoratym	5
11	gegetic algorithc	2
15	genetic algorithm	0

4.2　遺伝的プログラミング

遺伝的プログラミング（genetic programming，**GP**）は，GA を拡張した進

---

† 等しい文字数をもつ二つの文字列の中で，対応する位置にある異なった文字の個数。例えば gene と give のハミング距離は 2 となる。

化的計算手法である．個体の遺伝子型には，GA では主に配列構造が用いられるが，GP では木構造やグラフ構造が用いられる．これにより構造的な解表現が可能となり，前世代の遺伝子型の部分的な構造を的確に次世代に継承することができる．

例えば，表 4.3 に示す真理値表を表す論理関数 $f = x_1\overline{x_2} + x_3$ を解析木，および二分決定グラフで表現すると図 4.5 のように表される．解析木による表現（図 (a)）では，表 4.3 の真理値表を与える論理関数が明示的に表現されている．なお，解析木における節には演算子（「+」，「·」など）が配置され，葉には変数・定数が配置される．二分決定グラフによる表現（図 (b)）では，節（**変数節点**と呼ばれる）には変数が，葉（**定数節点**と呼ばれる）には出力値が配置される．例えば，二分決定グラフに $\{x_1, x_2, x_3\} = \{1, 1, 0\}$ を入力すると，x_1 の節で 1 のラベルの書かれた枝を，x_2 の節で 1 の枝を，x_3 の節で 0 の枝をたどることで，0 と書かれた葉（出力）に到達する．すべての入力の組合せを確認すると，表 4.3 の真理値表と同値であることがわかる．以上のような木構造，もしくはグラフ構造が GP における遺伝子型となる．

表 4.3　3 入力の真理値表：
論理関数 $f = x_1\overline{x_2} + x_3$

x_1	x_2	x_3	f
0	0	0	0
0	0	1	1
0	1	0	0
0	1	1	1
1	0	0	1
1	0	1	1
1	1	0	0
1	1	1	1

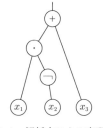

（a）解析木による表現

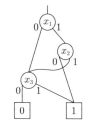

（b）二分決定グラフによる表現

図 4.5　GP における解の表現（遺伝子型）

以下では，解析木を例にとって，GP における遺伝的操作を説明する．

4.2.1　選　　　択

選択には，GA と同様の方法が用いられる．

4.2.2 交　　叉

交叉は，二つの個体（親個体）の部分木を交換することで，新たな個体（子個体）を生成する．図 4.6 に例を示す．図では，親 1 が関数 $4x/(8+x)$ を，親 2 が関数 $(x-3)x$ を表現している．このとき，親 1 の角丸矩形（実線）で囲まれた部分木と，親 2 の角丸矩形（波線）で囲まれた部分木を置換することで，関数 $4x/(x-3)$ の子 1，および関数 $(8+x)x$ の子 2 が生成される．一般的に交叉の対象となる部分木はランダムに選ぶ．

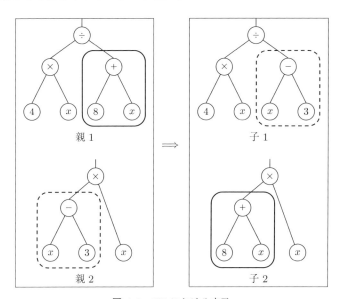

図 4.6　GP における交叉

4.2.3 突 然 変 異

GP の突然変異として最も一般的な方法が，節または葉のラベルを変更する方法である．図 4.7 に例を示す．図では，太線で囲まれた葉のラベルが x から 6 に置換されている．このように節・葉のラベルを対立遺伝子に置き換えることで個体を変化させる．また，ラベルを変更するだけでなく，選択された節・葉の部分木をランダムに置き換える方法もある．

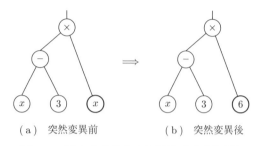

(a) 突然変異前　　　　　　(b) 突然変異後

図 4.7　GP におけるラベル変更による突然変異

その他にも，兄弟関係にある部分木を入れ替えることで突然変異を実現する方法（**転換**もしくは**逆位**という）もある（図 4.8）。

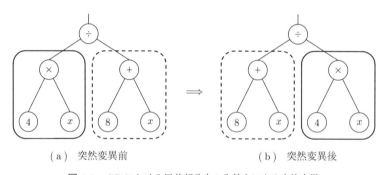

(a) 突然変異前　　　　　　(b) 突然変異後

図 4.8　GP における兄弟部分木の入替えによる突然変異

4.3　差　分　進　化

前節までに説明した手法は，基本的に離散値の最適化問題に適用される手法である。実数値の最適化問題を対象とした探索手法には，**実数値 GA** や **差分進化** (differential evolution, **DE**)，**粒子群最適化** (particle swarm optimization, **PSO**) が挙げられる。本節では DE について，次節では PSO について説明する。

DE は，実数値最適化問題を対象とした探索手法であり，多点探索法かつ直接探索法であることから，進化的計算手法に分類される。また，DE は，典型的

な実数値 GA や進化戦略と比較し，最適解への収束が速く，かつ頑健であることに加え制御パラメータの数が少なく設定が容易という優れた特徴を有する。

DE のアルゴリズムは，DE/$base$/num/$cross$ の記法で表記される。$base$ は基本ベクトルのための親個体の選択方法，num は基本ベクトルを変異させるための差分ベクトルの数，$cross$ は子個体を生成するために使用する交叉方法である。DE の設定例を**表 4.4** に示す。

表 4.4 DE の設定例

$base$	best	集団の最良個体を選択
	rand	集団からランダムに選択
num	1 以上	差分ベクトルの個数
$cross$	bin	一定の確率で遺伝子を交換
	exp	指数関数的に減少する確率で遺伝子を交換

以下に DE/rand/1/bin のアルゴリズムを示す。

1) 個体の生成：M 次元で構成される個体 $\boldsymbol{x}_i = (x_{i,1}, x_{i,2}, ..., x_{i,M})$ を N 個体生成する。ここで，$i\,(1, ..., N)$ は個体の識別子である。

2) 個体の評価：個体の適合度を評価する。

3) 終了判定：終了条件を満たしていれば，探索を終了する。満たしていなければ，4) へ進む。

4) 突然変異：各個体 $\boldsymbol{x}_i$ に対して，集団から基本ベクトルとして 1 個体 $\boldsymbol{x}_{r1}$ をランダムに選択する（$base = \text{rand}$）。同様に，2 個体 $\boldsymbol{x}_{r2}$，$\boldsymbol{x}_{r3}$ をランダムに選択する。ここで，選択された 3 個体と $\boldsymbol{x}_i$ は，重複しないものとする。基本ベクトル $\boldsymbol{x}_{r1}$，および差分ベクトル $(\boldsymbol{x}_{r2} - \boldsymbol{x}_{r3})$ から新たなベクトル（変異ベクトル）$\boldsymbol{m}_i$ を生成する。

$$\boldsymbol{m}_i = \boldsymbol{x}_{r1} + F(\boldsymbol{x}_{r2} - \boldsymbol{x}_{r3}) \tag{4.2}$$

ここで，$F \in (0, 1]$ はスケーリングパラメータである（**図 4.9**）。

5) 交叉：交叉点 $j_{rand} \in [1, M]$ をランダムに選択し，以下の式で子ベクトル $\boldsymbol{x}_i^{child}$ の各要素 $x_{i,j}^{child}$ を決定する。

92   4. 進 化 的 計 算

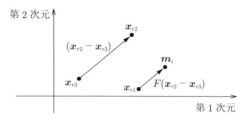

図 **4.9** DE/rand/1 における突然変異

$$x_{i,j}^{child} = \begin{cases} m_{i,j} & (random() \leqq CR \text{ または } j = j_{rand}) \\ x_{i,j} & (\text{それ以外}) \end{cases} \quad (4.3)$$

ここで，$random()$ は区間 $[0,1]$ の一様乱数を発生させる関数，CR は一定確率で 交叉を行うための交叉パラメータである $(cross = \text{bin})$．また，j_{rand} は，$x_i^{child} = x_i$ とならないことを保証する変数である．

6) 選 択：x_i^{child} の適合度を評価する．x_i^{child} が親 x_i よりも高い適合度を獲得していれば x_i^{child} を適者，そうでなければ，x_i を適者とし，次世代の個体とする．すべての個体に対して 4)，5) の処理を行った後，3) に戻る．

DE/rand/1 以外の突然変異としては，以下がよく用いられる．

$$\text{DE/best/1} : m_i = x_{best} + F(x_{r1} - x_{r2}) \quad (4.4)$$

$$\text{DE/best/2} : m_i = x_{best} + F(x_{r1} - x_{r2}) + F(x_{r3} - x_{r4}) \quad (4.5)$$

$$\text{DE/rand/2} : m_i = x_{r1} + F(x_{r2} - x_{r3}) + F(x_{r4} - x_{r5}) \quad (4.6)$$

ここで，x_{best} は集団内の最良個体，x_{rj} は集団内からランダムに選択された個体である．

また，交叉 bin 以外でよく使用される交叉 exp は，以下の手続きで行われる．まず，交叉点 $j_{rand} \in [1, M]$ をランダムに選択する．つぎに，区間 $[0,1]$ の一様乱数を発生させ，連続して CR 以下となった回数 n を求める．そして，新たに生成される個体の各要素を，第 j_{rand} 要素から n 個は m_i から，それ以外は x_i から引き継がせる．なお，$j_{rand} + n - 1 > M$ の場合，$j_{rand} \sim M$ および $1 \sim (j_{rand} + n - 1) \mod M$ の要素が m_i から引き継がれる．

DE/rand/1/bin アルゴリズムにおける突然変異および交叉の例を考える。2 次元で構成される個体 $\boldsymbol{x} = (5, 4)$ に対して，$\boldsymbol{x}_{r1} = (10, 1)$，$\boldsymbol{x}_{r2} = (9, 7)$，$\boldsymbol{x}_{r3} = (3, 2)$ が選択されたとする。$F = 0.5$ のとき，変異ベクトルは，$\boldsymbol{m} = (10, 1) + 0.5 \times \big((9, 7) - (3, 2)\big) = (13, 3.5)$ となる。$j_{rand} = 1$ が選択されたとき，1 要素目が $\boldsymbol{m}$ から引き継がれ，2 要素目が CR と $random()$ の比較によって決定されるため，子個体として $\boldsymbol{x}^{child} = (13, 4)$，もしくは $\boldsymbol{x}^{child} = (13, 3.5)$ のいずれかが得られる。

4.4 粒子群最適化

粒子群最適化（PSO）は，鳥の群れが餌を見つける際に，群れ全体で情報を共有することに着想を得た探索手法である。群れを構成する個体（粒子という）がそれぞれ独立に移動するのではなく，粒子の持つ情報と群れ全体で共有する情報を統合して，移動する方向を決定する。

PSO は評価関数 $f(\boldsymbol{x}_i)$ を最小化する $\boldsymbol{x}_i$ を探索するものである。以下に PSO のアルゴリズムを示す。

1) **粒子群の生成**　M 次元で構成される粒子 $\boldsymbol{x}_i = (x_{i,1}, x_{i,2}, \ldots, x_{i,M})$ を N 個生成し，粒子の初期速度 $\boldsymbol{v}_i$ をランダムに初期化する。ここで，$i \ (1, \ldots, N)$ は粒子の識別子である。粒子 i の個体最適解（パーソナルベスト）を $\boldsymbol{pbest}_i = \boldsymbol{x}_i$ で，粒子群全体の最適解（グローバルベスト）を $\boldsymbol{gbest} = \arg \min_{\boldsymbol{pbest}_i} f(\boldsymbol{pbest}_i)$ で初期化する。

2) **粒子の速度と位置を更新**　次式で $\boldsymbol{v}_i$ と $\boldsymbol{x}_i$ を更新する。

$$\boldsymbol{v}_i \leftarrow w\boldsymbol{v}_i + c_1(\boldsymbol{pbest}_i - \boldsymbol{x}_i)random() + c_2(\boldsymbol{gbest} - \boldsymbol{x}_i)random()$$

$$\boldsymbol{x}_i \leftarrow \boldsymbol{x}_i + \boldsymbol{v}_i$$

ただし，$random()$ は区間 $[0, 1]$ の一様乱数を発生させる関数，w, c_1, c_2 はパラメータである。

3) **$\boldsymbol{pbest}_i$ と $\boldsymbol{gbest}$ の更新**　次式でパーソナルベスト $\boldsymbol{pbest}_i$ とグローバ

ルベスト $gbest$ を更新する。

$$pbest_i = \begin{cases} x_i & (f(x_i) < f(pbest_i)) \\ pbest_i & (それ以外) \end{cases}$$

$$gbest = \arg\min_{pbest_i} f(pbest_i)$$

4) **終了判定**　終了条件を満たしていれば探索を終了する。満たしていなければ，2) へ戻る。

各粒子 x_i は，自身の過去の最適解 $pbest_i$ と群れ全体で共有している最適解 $gbest$ を用いて，その速度 v_i を決定し，つぎの位置へと移動する (図 4.10)。つまり，粒子ごとに $pbest_i$ と $gbest$ に近づくような探索が行われる。より良い解が発見された場合，$gbest$ が更新され，群れ全体の移動方向が更新されて探索が進んでいく。

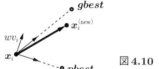

図 4.10　粒子の移動の様子

PSO のパラメータを設定する方法にはさまざまなものが提案されている。以下に代表的なものを列挙する。

1. **Constriction Method**　安定限界付近のパラメータ $w = 0.729$，$c_1 = c_2 = 1.4955$ に設定する方法
2. **Random Inertia Weight Method**　探索の繰り返しごとに $w \in [0.5, 1.0]$ をランダムに決め，$c_1 = c_2 = 1.4955$ で固定する方法
3. **Linearly Decreasing Inertia Weight Method**　探索の繰り返しごとに w を 0.9 から 0.4 に減少させていき，$c_1 = c_2 = 2.0$ で固定する方法

PSO を使ってクラス分類を行う例を示そう。クラス分類とは，図 4.11 のように与えられたデータにあらかじめラベルをつけておき，ラベルの異なるデータを分ける問題を指す。図 4.11 の問題は，$y = 1/(16x)$ と $(x-0.15)^2 + y^2 = 0.2^2$ で区切られたデータを分類する．つまり，○で記されたデータと，×で記され

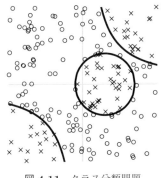
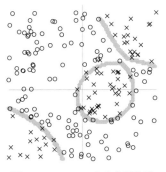

図 4.11　クラス分類問題　　図 4.12　PSO による分類結果

たデータを区別するのが目的である．データ $\boldsymbol{p}_i$ が 200 個与えられたとき，この問題の解はつぎの関数 $f(\boldsymbol{x}_i)$ を最小化する $\boldsymbol{x}_i$ を見つけることで得られる．

$$f(\boldsymbol{x}_i) = \sum_{k=1}^{200} \max\left(0, 1 - t_k \sum_{j=1}^{200} x_{i,j} t_j K(\boldsymbol{p}_k, \boldsymbol{p}_j)\right) \quad (4.7)$$

ただし，t_k, t_j には，○のデータに対して 1 を，×のデータに対しては -1 を与える教師信号である．また，$K(\boldsymbol{p}_k, \boldsymbol{p}_j)$ はカーネル関数，$f(\boldsymbol{x})$ はヒンジ損失と呼ばれる．これらの詳細については，7.1 節を参照されたい．さて，この問題を，カーネル関数として $\sigma = 0.25$ のガウスカーネルを用いるものとし，$x_{i,j} > 0$ という条件の下，粒子の次元数を $M = 200$（データ数と等しくなる），粒子数を $N = 1\,000$ として Constriction Method を使用して 1 000 回繰り返し学習した結果が図 4.12 である．図より，ラベルの異なるデータを適切に分類できていることが見て取れる．

4.5　対話型進化計算

GA や GP，DE は，計算機が適合度を計算し，よりよい個体を次世代に残すことで準最適解を得る手法である．しかしながら，絵画や音楽など，個々人によって評価指標が異なる問題も実世界には多く存在する．このような問題を取り扱う手法の一つに**対話型進化計算**がある．対話型進化計算では，GA や GP

が行っていた適合度評価を人が行うことで，その人自身の感性に即した解を探索する手法である（図 **4.13**）。この手法は，人の感性が要求される分野，例えば，絵画や作曲の他にも，衣服デザインや補聴器のパラメータフィッティング，仮想空間における現実感の再現などに応用されている。

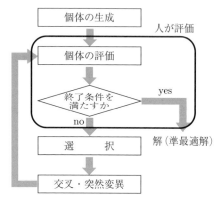

図 **4.13**　対話型進化計算のアルゴリズム

演 習 問 題

【1】 入出力関係が不明な写像 $f(x)$ の最大値を GA を用いて求めることを考える。遺伝子長を 6，各遺伝子座の対立遺伝子を $\{0, 1\}$，表現型 x を遺伝子型の 2 進数表現，適合度を $f(x)$ とする。不明な写像が $f(x) = -x + 70$ であったとき，つぎの 4 個体を初期集団として以下の問に答えよ。

　　　A[011011], B[101100], C[110101], D[111000]

(1) 初期集団の各個体の適合度を求めよ。

(2) ルーレット方式を使用したときの初期集団の各個体の選択確率を求めよ。

(3) 個体 C，D が親個体として選択され，遺伝子の型の中央部分で一点交叉をしたときに得られる子個体を答えよ。

　　　C[1 1 0 ┆ 1 0 1]
　　　D[1 1 1 ┆ 0 0 0]

(4) 不明な写像が $f(x) = -x^2 + 80x - 600$ であったとき，$f(x)$ を適合度として用いることができない。その理由を答えよ。また，適切な適合度の

関数の例を考えよ。

【2】 表 4.5 のように，x を入力すると出力 $f(x)$ を与える関数がある。この関数を GP を用いて同定することを考える。

表 4.5

x：入力	$f(x)$：出力
$x_1 = 1.0$	7.0
$x_2 = 2.0$	10.0
$x_3 = 3.0$	13.0
$x_4 = 4.0$	16.0

初期集団をつぎの四つの関数として，以下の問に答えよ。
$$f_1(x) = x, \quad f_2(x) = x^2+4, \quad f_3(x) = 2x+x^2, \quad f_4(x) = 5x-6$$
（1）初期集団の各個体を解析木で表現せよ。
（2）$\sum_j |f_i(x_j) - f(x_j)|$ を個体 i の適合度としたとき，初期集団の各個体の適合度を求めよ。ただし，適合度が小さいほどよい個体を表し，適合度 0 で最良個体となることに注意されたい。
（3）図 4.14 に示すように，$f_2(x)$ と $f_3(x)$ の左部分木を交叉（交換）して得られる子個体を答えよ。

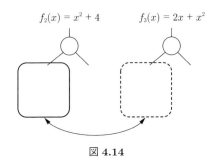

図 4.14

【3】 入出力関係が不明な写像 $f(\boldsymbol{x})$ の最大値を DE/rand/1/bin アルゴリズムを用いて求めることを考える。個体 $\boldsymbol{x} = (x_1, x_2, x_3) = (3, 1, 2)$ に対して，$\boldsymbol{x}_{r1} = (4, -3, -1)$, $\boldsymbol{x}_{r2} = (-2, 0, 5)$, $\boldsymbol{x}_{r3} = (-4, 4, 1)$ が選択されたとする。$F = 0.5$, 不明な写像が $f(\boldsymbol{x}) = x_1^2 + 2x_2 x_3$ であったときつぎの問に答えよ。
（1）変異ベクトルを求めよ。
（2）$j_{rand} = 3$ のとき，得られる子個体として考えられるものをすべて列挙

98   4. 進 化 的 計 算

せよ。

(3)（2）の子個体のうち，個体 x よりも適合度が上昇するものは何個体あるか。

【4】 2 次元ベクトル $x_i = (x_{i,1}, x_{i,2})$ の関数 $f(x_i) = (x_{i,1} - 1)^2 + x_{i,2}^2$ の最小化
問題を PSO を用いて解くことを考える。$gbest = (0, 0)$ であったとき，いま，
粒子 i の学習を行う。$x_i = (2, 2)$，$v_i = (0.5, 0.5)$，$pbest_i = (2, 1)$ としたと
き，以下の問に答えよ。

(1) $f(gbest)$，$f(x_i)$，$f(pbest_i)$ を求めよ。

(2) v_i，x_i を更新せよ。ただし，$w = 1$，$c_1 = c_2 = 1$，二つのランダム関数
$random()$ の出力がともに 0.5 であったものとする。

(3) $pbest_i$，$gbest$ を更新せよ。

【5】 文字列「genetic algorithm」を GA で探索するプログラムを作成せよ。

5 ニューラルネットワーク

本章では，生物の神経系のネットワーク，すなわち脳をモデルとした学習手法を紹介する。まず，5.1 節において，5.2 節，5.3 節で説明するニューラルネットワークで用いられる神経系ネットワークの人工モデルについて概説する。つぎに，5.2 節で教師あり学習手法の一つであるパーセプトロンについて，5.3 節でパーセプトロンを拡張したディープラーニングについて説明する。最後に，5.4 節で教師なし学習手法として自己組織化マップを紹介する。

5.1 ニューロンモデル

人の脳は無数の神経細胞からなる。それぞれの神経細胞は電気パルスを受発信して情報をやり取りしている（図 5.1）。出力側の神経細胞から発信された電気パルスは，信号の出力を担う軸索を経由し，シナプス結合を介して，入力側

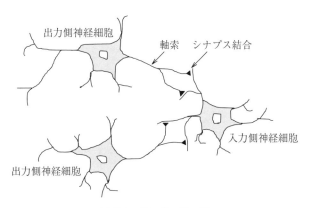

図 5.1 神 経 細 胞

の神経細胞の膜電位に影響を与える．入力側神経細胞の膜電位の変化は，多数の出力側神経細胞の電気パルスの影響が加算されて生じる．膜電位がある閾値を超えると，入力側神経細胞は興奮し，電気パルスを発生する．このような入出力の関係をモデル化した神経細胞のモデルを図 5.2 に示す．神経細胞のモデルは，**形式ニューロン（ユニット）**と呼ばれる．一つのユニットには，出力側のユニット i から出力される値 x_i に**結合重み** w_i を乗じた値 $w_i x_i$ が入力される．すなわち，w_i は，神経細胞間の情報の伝達効率を表す．出力側のユニットが複数ある場合には，それらを総和した値が入力側ユニットの内部状態 s として保持される．

$$s = \sum_{n=1}^{N} w_n x_n \tag{5.1}$$

ただし，N は出力側のユニット数である．

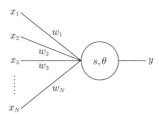

図 5.2　神経細胞の人工モデル（ユニット）

ユニットの出力 y は，内部状態 s と閾値 θ を使ってつぎの式で表される．

$$y = f(s - \theta) \tag{5.2}$$

ここで，$f(u)$ は，ユニットの発火方法を決定する**活性化関数**（もしくは**伝達関数**）である．表 5.1 に活性化関数として使用される関数を示す．ニューラルネッ

表 5.1　活 性 化 関 数

ステップ関数	$f(u) = \begin{cases} 1 & (u > 0) \\ 0 & (u \leq 0) \end{cases}$
シグモイド関数	$f(u) = \dfrac{1}{1 + e^{-u}}$
ReLU（ランプ関数）	$f(u) = \max(0, u)$

トワークの非線形な活性化関数にはシグモイド関数が一般的に用いられていたが，勾配が減衰しにくく収束性や学習速度が向上する ReLU が，近年ではよく使用される。

5.2 パーセプトロン

パーセプトロンとは，ユニットを階層状に結合し，明示的な学習の解（教師信号）を与えて学習を行うニューラルネットワークである。**入力層**と**出力層**の2層からなるニューラルネットワークを**単層パーセプトロン**，入力層と出力層の間に**隠れ層**を1層以上もつニューラルネットワークを**多層パーセプトロン**と呼ぶ。入力層は，活性化関数を使用することなく入力信号をつぎの層へそのまま送信するため一般に層数に数えないことから，このように呼ばれる。

図 **5.3** に 3 層パーセプトロンの例を示す。図において，$w_{ij}^{(m)}$ は第 $m-1$ 層のユニット i と第 m 層のユニット j の結合重みを表す。したがって，第 m 層のユニット j の出力 $y_j^{(m)}$ は，つぎの式で表せる。

$$y_j^{(m)} = f\left(\sum_{i=1}^{N^{(m-1)}} w_{ij}^{(m)} y_i^{(m-1)} - \theta_j^{(m)}\right) \tag{5.3}$$

ここで，$N^{(m)}$ は第 m 層のユニット数を表す。

M 層パーセプトロンにおけるデータ出力はつぎのように行われる。まず，入力

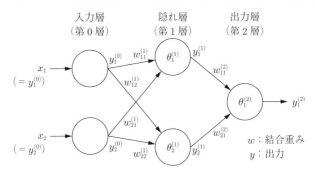

図 **5.3** パーセプトロンの構成（3 層パーセプトロン）

データ $x_i = y_i^{(0)}$ が入力層のユニットに入力される．入力層のユニットは，入力データをそのまま隠れ層のユニットに伝達する．第 m 層のユニットは，式 (5.3) により内部状態に対して活性化関数 $f(u)$ を施し，その出力 $y_i^{(m)}$ をつぎの層に伝達する．これを繰り返すことによって，最終的な出力 $y_i^{(M-1)}$ を決定する．

図 **5.4** のパーセプトロンにおいて，出力層の活性化関数がステップ関数のときの出力を確認する．入力層に $(x_1, x_2) = (0, 0)$ を入力すると，その値がそのまま出力層に伝達される．したがって，出力層のユニットの内部状態は $s = 1 \times 0 + 1 \times 0 = 0$ となる．$s - \theta = -0.5 \leqq 0$ なので，ユニットは活性化せず，$y_1^{(1)} = 0$ を得る．$(x_1, x_2) = (0, 1)$ を入力すると，$s - \theta = 0.5 > 0$ となり，$y_1^{(1)} = 1$ を得る．同様に，$(x_1, x_2) = (1, 0)$ の場合は $s = 1$，$(x_1, x_2) = (1, 1)$ の場合は $s = 2$ となるため，いずれの場合も $y_1^{(1)} = 1$ を得る．したがって，このパーセプトロンは，OR 回路として動作することがわかる．

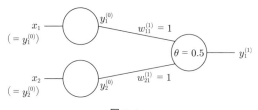

図 **5.4**

上記のパーセプトロンのモデルでは，w と θ の二つのパラメータが存在する．これらを統一するためにバイアスユニットを導入する．まず，入力側ユニット j に対してつねに 1 を出力するユニット $i = 0$ と，それらのユニット間の結合重み w_{0j} を考える（図 **5.5**）．つぎに，$w_{0j} = -\theta_j$ とすると，式 (5.3) は次式で表せる．

$$y_j^{(m)} = f\left(\sum_{i=1}^{N^{(m-1)}} w_{ij}^{(m)} y_i^{(m-1)} - \theta_j^{(m)}\right)$$

$$= f\left(-\theta_j^{(m)} + \sum_{i=1}^{N^{(m-1)}} w_{ij}^{(m)} y_i^{(m-1)}\right)$$

5.2 パーセプトロン

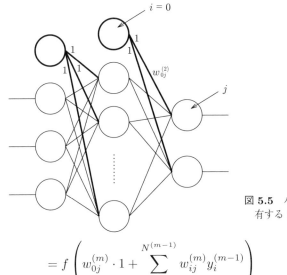

図 **5.5** バイアスユニットを有する 3 層パーセプトロン

$$= f\left(w_{0j}^{(m)} \cdot 1 + \sum_{i=1}^{N^{(m-1)}} w_{ij}^{(m)} y_i^{(m-1)}\right)$$

$$= f\left(w_{0j}^{(m)} y_0^{(m-1)} + \sum_{i=1}^{N^{(m-1)}} w_{ij}^{(m)} y_i^{(m-1)}\right)$$

$$= f\left(\sum_{i=0}^{N^{(m-1)}} w_{ij}^{(m)} y_i^{(m-1)}\right) \tag{5.4}$$

このように，つねに 1 を出力するユニットを**バイアスユニット**と呼ぶ．この式変形によって，ユニットの閾値を結合重みの一つとして学習することができる．

3 層パーセプトロンのデータ構造の一例をプログラム 5-1 に示す．

―――――― プログラム **5-1** (3 層パーセプトロンのデータ構造) ――――――

```
1  #define IN_NUM   2    //入力層のユニット数
2  #define HID_NUM  3    //隠れ層のユニット数
3  #define OUT_NUM  1    //出力層のユニット数
4  #define PAT_NUM  4    //学習データの数
5  #define ETA      0.2  //学習率
6
7  double w1[IN_NUM+1][HID_NUM];  //第 1 層の結合重み (+1 はバイアスユニット)
8  double w2[HID_NUM+1][OUT_NUM]; //第 2 層の結合重み (+1 はバイアスユニット)
9  double yy1[HID_NUM];           //隠れ層の出力 (誤差逆伝播法で使用)
10
11 double input[PAT_NUM][IN_NUM] = {{0,0},{0,1},{1,0},{1,1}};//入力信号
```

104　　5. ニューラルネットワーク

```
12  double teach[PAT_NUM][OUT_NUM]= {{0}, {1}, {1}, {0}};  //教師信号
```

パーセプトロンを構成するユニット数は，定数 IN_NUM，HID_NUM，OUT_NUM で与えられ，結合重みの数が決定する。結合重みは，配列変数 w1[][]，w2[][] に保持される。ここで，バイアスユニットを使用する場合は，出力側のユニット数を 1 増やす。定数 PAT_NUM は，学習データの数である。学習データの数だけ，入力信号 input[][] とそれと対になる教師信号 teach[][] を作成する。この例では，EXOR 回路（排他論理和回路）を学習することになる。なお，配列構造 yy1[]† は隠れ層の出力 $y^{(1)}$ を保持する変数であり，パーセプトロンを誤差逆伝播法で学習する際に使用する（5.2.2 項）。

活性化関数にシグモイド関数を用いた 3 層パーセプトロンの出力関数の実装例をプログラム 5-2 に示す。

―――――――― プログラム **5-2** (3 層パーセプトロンの出力) ――――――――

```
1   //シグモイド関数
2   double sigmoid(double x) {
3     return 1.0 / (1.0 + exp(-x));
4   }
5
6   //引数 in は入力信号
7   //引数 out は出力（呼び出し元に出力を配列で返却する）
8   void output(double in[], double out[]) {
9     int i, j;
10    //隠れ層の計算
11    for (j = 0; j < HID_NUM; j++) {
12      yy1[j] = 0;
13      //通常のユニット
14      for (i = 0; i < IN_NUM; i++) {
15        yy1[j] += w1[i][j] * in[i];
16      }
17      //バイアスユニット
18      yy1[j] += w1[i][j];
19      yy1[j] = sigmoid(yy1[j]);
20    }
21    //出力層の計算
22    for (j = 0; j < OUT_NUM; j++) {
```

---

†　変数名 y1 は，c 言語の math.h (cmath.h) の中でベッセル関数関連の関数名として使用されているため，ここでは yy1 という名称とした。

```
23      out[j] = 0;
24      //通常のユニット
25      for (i = 0; i < HID_NUM; i++) {
26        out[j] += w2[i][j] * yy1[i];
27      }
28      //バイアスユニット
29      out[j] += w2[i][j];
30      out[j] = sigmoid(out[j]);
31    }
32  }
```

まず，プログラム 5-2 では，バイアスユニットが最後尾に配置されていることに注意されたい。これは，C 言語では配列番号が 0 から始まるため，入出力の配列 in[] と out[] を用いた処理を簡便にするという理由からである。プログラム 5-2 の output() 関数は，入力信号が引数 in で与えられたときに，パーセプトロンの出力を引数 out に渡す関数である。このパーセプトロンは 3 層構造であり，入力層は入力信号をそのまま隠れ層に伝達する。このことから，まず，隠れ層の出力を計算する。このとき，入力層の i=0～IN_NUM-1 番目のユニットは通常のユニット，i=IN_NUM 番目のユニットはバイアスユニットであり，それぞれの計算処理が異なることに注意されたい。また，隠れ層のユニットの出力は配列変数 yy1[] に保存される。この値はパーセプトロンを誤差逆伝播法で学習する際に使用される。つぎに，出力層の出力を計算する。出力層の出力は out[0] から順に保存され，呼び出し元に渡される。

つぎに，パーセプトロンの学習について説明する。

5.2.1 誤り訂正学習法

誤り訂正学習法は，出力層の結合重みを学習する手法である。ある値を入力したときのパーセプトロンの出力を y，それに対して出力してほしい値（教師信号）を t としたとき，出力が $\{0,1\}$ の場合，学習の可否は以下に分類される。

- $y = t$ ならば，結合重みの修正は不要
- $y = 0$，$t = 1$ ならば，出力が大きくなるように結合重みを修正

- $y=1$, $t=0$ ならば，出力が小さくなるように結合重みを修正

これを定式化すると，M 層パーセプトロンの出力層（第 $M-1$ 層）の結合重みを学習する式は，以下のとおり表せる．

$$w_{ij}^{(M-1)} \leftarrow w_{ij}^{(M-1)} + \Delta w_{ij}^{(M-1)} \tag{5.5}$$

ただし

$$\Delta w_{ij}^{(M-1)} = \eta(t_j - y_j^{(M-1)})y_i^{(M-2)} \tag{5.6}$$

ここで，η は**学習率**[†] である．パーセプトロンの学習は，上記の学習式をすべての入力パターンについて実行し，結合重みが一つも更新されなかった場合に収束したとして終了する．

図 5.4 の OR 回路のパーセプトロンに対してバイアスユニットを導入したものが図 **5.6** である（結合重みの初期値は，$w_{01}^{(1)} = -0.5$，$w_{11}^{(1)} = 1$，$w_{21}^{(1)} = 1$ である）．図 5.6 が，入力 $\{(0,0),(0,1),(1,0),(1,1)\}$ に対して，すべて 1 を出力するように誤り訂正学習法で学習する．出力層の活性化関数はステップ関数，学習率は $\eta = 1$，入力データは $(0,0) \to (0,1) \to (1,0) \to (1,1)$ の順に繰り返し入力するものとする．まず，$(0,0)$ を入力すると，$y_1^{(1)} = 0$ を得る．したがって，誤り訂正学習法によって，結合重みの値を更新する．

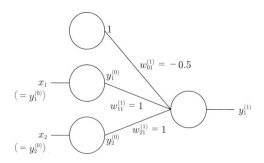

図 **5.6** バイアスユニットを導入したパーセプトロン
（OR 回路として動作する）

[†] 結合重みの更新の幅を決定する数値であり，1 以下の値とするのが一般的である．学習率が小さければ，正確な学習が行われるが学習の収束までに多くの時間が必要となる．一方，大きければ結合重みの値が振動し，学習の収束に悪影響を及ぼす．

$$w_{01}^{(1)} \leftarrow w_{01}^{(1)} + \eta(t_1 - y_1^{(1)})y_0^{(0)}$$

$$\leftarrow -0.5 + 1 \times (1 - 0) \times 1$$

$$\leftarrow 0.5$$

$$w_{11}^{(1)} \leftarrow w_{11}^{(1)} + \eta(t_1 - y_1^{(1)})y_1^{(0)}$$

$$\leftarrow 1$$

$$w_{21}^{(1)} \leftarrow w_{21}^{(1)} + \eta(t_1 - y_1^{(1)})y_2^{(0)}$$

$$\leftarrow 1$$

つぎに，$(0,1)$ を入力すると $y_1^{(1)} = 1$，$(1,0)$ を入力すると $y_1^{(1)} = 1$，$(1,1)$ を入力すると $y_1^{(1)} = 1$ を得る。この時点で，$\{(0,1),(1,0),(1,1)\}$ については，更新された結合重みを用いて正しい出力が得られることが確認できた。最後に再度 $(0,0)$ を入力し出力を確認すると，$y_1^{(1)} = 1$ を得る。したがって，すべての入力に対して 1 が出力されることを確認したので，この時点で学習が終了する。

5.2.2 誤差逆伝播法

誤り訂正学習法では，調整可能な結合重みが出力層のものに限定されるため，複雑な入出力関係を学習することができない。本項では，すべての層の結合重みを学習する**誤差逆伝播法（バックプロパゲーション法）**について説明する。

まず，M 層パーセプトロンへ，ある値を入力したときの教師信号と出力の 2乗誤差の総和 E を考える。

$$E = \sum_k (t_k - y_k^{(M-1)})^2 \tag{5.7}$$

誤差 E のように学習の指標となる関数を**損失関数**という。上式を E と w の関数と考え，E を減少させる方向，すなわち，$-\Delta E/\Delta w$ の方向（勾配の逆方向）へ w の値を修正することで学習が成立する（**図 5.7**）。

誤差逆伝播法は以下の式で定式化される。

$$w_{ij}^{(m)} \leftarrow w_{ij}^{(m)} + \eta \delta_j^{(m)} y_i^{(m-1)} \tag{5.8}$$

5. ニューラルネットワーク

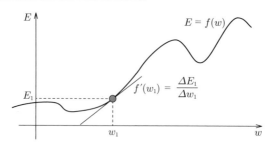

図 5.7 誤差逆伝播法の学習のイメージ（E と w の関数として考え，E を減少させる方向，すなわち微分値（勾配）と逆方向へ w の値を変化させる）

ただし

$$\delta_j^{(m)} = \begin{cases} f'(s_j^{(m)})(t_j - y_j^{(m)}) & \text{（出力層のとき）} \\ f'(s_j^{(m)}) \sum_{n=1}^{N^{(m+1)}} \delta_n^{(m+1)} w_{jn}^{(m+1)} & \text{（それ以外）} \end{cases} \quad (5.9)$$

ここで，η は学習率である．出力層以外の学習には，その層の一つ後方の層の δ および w の値が必要となる．したがって，学習は出力層から順に後ろ向きに行うことになる．このことから誤差逆伝播法と呼ばれる．

活性化関数にシグモイド関数を用いた3層パーセプトロンにおける誤差逆伝播法の実装例を，プログラム 5-3 に示す．

―― プログラム 5-3 (3層パーセプトロンの誤差逆伝播法による学習) ――

```
1   // 引数 in は入力データ，引数 te は教師信号
2   // 戻り値は学習誤差 error
3   double learn(double in[], double te[]) {
4     int i, j, n;
5     double out[OUT_NUM], delta_hid[HID_NUM], delta_out[OUT_NUM];
6     double error = 0, del;
7     //output() を呼び出し，隠れ層の出力 yy1[] と出力層の出力 out[] を計算
8     output(in, out);
9
10    //誤差の計算
11    for (j = 0; j < OUT_NUM; j++) {
12      error += (te[j] - out[j]) * (te[j] - out[j]);
13    }
14
15    //delta の計算
```

5.2 パーセプトロン   _109_

```
16    for (j = 0; j < OUT_NUM; j++) {
17      delta_out[j] = out[j] * (1.0 - out[j]) * (te[j] - out[j]);
18    }
19    for (j = 0; j < HID_NUM; j++) {
20      del = 0;
21      for (n = 0; n < OUT_NUM; n++) {
22        del += delta_out[n] * w2[j][n];//w2 は更新前の値を使用
23      }
24      delta_hid[j] = yy1[j] * (1.0 - yy1[j]) * del;
25    }
26
27    //隠れ層の学習
28    for (j = 0; j < HID_NUM; j++) {
29      for (i = 0; i < IN_NUM; i++) {
30        w1[i][j] += ETA * delta_hid[j] * in[i];//通常のユニット
31      }
32      w1[i][j] += ETA * delta_hid[j];//バイアスユニット
33    }
34    //出力層の学習
35    for (j = 0; j < OUT_NUM; j++) {
36      for (i = 0; i < HID_NUM; i++) {
37        w2[i][j] += ETA * delta_out[j] * yy1[i];//通常のユニット
38      }
39      w2[i][j] += ETA * delta_out[j];//バイアスユニット
40    }
41    return error;
42  }
```

　プログラム 5-3 では，まず，2 乗誤差の総和を計算する。この値は学習には
使用しないが，関数の戻り値となり，学習の収束度合いを示す指標として用い
る。つぎに，δ（プログラム中の delta_out[] および delta_hid[]）の値を
計算する。delta_hid[] の値を求める際に，delta_out[] の値を使用してい
る，すなわち誤差が逆伝播していることに注意されたい。なお，出力層の通常
ユニットの結合重みの更新には，一つ前の層（隠れ層）の出力が必要なため，
output() 関数内で求めておいた yy1[] の値を使用する。また，シグモイド関
数 $f(u)$ の微分は，$f'(u) = e^{-u}/(1 + e^{-u})^2$ である。

$$f(u)\bigl(1 - f(u)\bigr) = \frac{1}{1 + e^{-u}} \frac{e^{-u}}{1 + e^{-u}} = \frac{e^{-u}}{(1 + e^{-u})^2} = f'(u)$$

であるから，これを利用して，$f'(u)$ の計算を out[j] * (1.0 - out[j]) と

yy1[j] * (1.0 - yy1[j]) で求めている。そして，δ の値を用いて隠れ層および出力層の結合重みを更新する。結合重みの更新は，通常のユニットとバイアスユニットを分けて行う。

誤差逆伝播法の収束性能を向上させる方法の一つに，**慣性項**（モーメンタム）がある。結合重みを修正する際に，前回の更新量を加算することで，局所解に陥ることを防ぐ作用がある。慣性項を導入した結合重みの更新式は，学習時刻を t としてつぎのとおり表現できる。

$$w_{ij}^{(m)}(t+1) = w_{ij}^{(m)}(t) + \Delta w_{ij}^{(m)}(t) \tag{5.10}$$

$$\Delta w_{ij}^{(m)}(t) = \eta \delta_j^{(m)}(t) y_i^{(m-1)} + \varepsilon \Delta w_{ij}^{(m)}(t-1) \tag{5.11}$$

ただし

$$\delta_j^{(m)}(t) = \begin{cases} f'(s_j^{(m)})(t_j - y_j^{(m)}) & \text{（出力層のとき）} \\ f'(s_j^{(m)}) \displaystyle\sum_{n=1}^{N^{(m+1)}} \delta_n^{(m+1)}(t) w_{jn}^{(m+1)}(t) & \text{（それ以外）} \end{cases}$$

$$\tag{5.12}$$

ここで，ε は**慣性率**である。

5.2.3 誤差逆伝播法の導出

ここでは，図 **5.8** の 3 層パーセプトロンにおける結合重み $w_{32}^{(1)}$ および $w_{21}^{(2)}$ を取り上げ，これらの学習式を導出することで誤差逆伝播法の原理に対する理解を深める。

まず，$w_{21}^{(2)}$ の更新式を導出する。出力層（第 2 層）の第 1 ユニットの出力 $y_1^{(2)}$ と教師信号 t_1 の 2 乗誤差 E_1 は，$E_1 = \dfrac{1}{2}(t_1 - y_1^{(2)})^2$ である[†]。同式を $y_1^{(2)}$ で偏微分する。

$$\partial E_1 = -(t_1 - y_1^{(2)})\partial y_1^{(2)} \tag{5.13}$$

[†] 以降の式の可読性を高めるために 1/2 を乗じている。

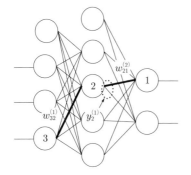

図 5.8 3層パーセプトロン

ここで,出力 $y_1^{(2)}$ の関係式 $y_1^{(2)} = f(s_1^{(2)})$ を $s_1^{(2)}$ で偏微分すると $\partial y_1^{(2)} = f'(s_1^{(2)})\partial s_1^{(2)}$ が得られる。同様に,同ユニットの内部状態 $s_1^{(2)}$ の関係式 $s_1^{(2)} = \sum_{i=0}^{N^{(1)}} w_{i1}^{(2)} y_i^{(1)}$ を $w_{21}^{(2)}$ で偏微分すると $\partial s_1^{(2)} = \partial w_{21}^{(2)} y_2^{(1)}$ が得られる。これらを式 (5.13) に代入するとつぎの関係が得られる。

$$\partial E_1 = -(t_1 - y_1^{(2)})\partial y_1^{(2)} = -(t_1 - y_1^{(2)})f'(s_1^{(2)})\partial s_1^{(2)}$$
$$= -(t_1 - y_1^{(2)})f'(s_1^{(2)})\partial w_{21}^{(2)} y_2^{(1)} \tag{5.14}$$

$$\frac{\partial E_1}{\partial w_{21}^{(2)}} = -(t_1 - y_1^{(2)})f'(s_1^{(2)})y_2^{(1)} \tag{5.15}$$

したがって,$w_{21}^{(2)}$ の更新式はつぎのとおり表せる。

$$w_{21}^{(2)} \leftarrow w_{21}^{(2)} - \eta \frac{\partial E_1}{\partial w_{21}^{(2)}}$$
$$\leftarrow w_{21}^{(2)} + \eta(t_1 - y_1^{(2)})f'(s_1^{(2)})y_2^{(1)} \tag{5.16}$$

$$\text{一般式}: w_{ij}^{(2)} \leftarrow w_{ij}^{(2)} + \eta(t_j - y_j^{(2)})f'(s_j^{(2)})y_i^{(1)} \tag{5.17}$$

つぎに,$w_{32}^{(1)}$ の更新式を導出する。まず,$w_{32}^{(1)}$ に伝播する誤差 E を $w_{32}^{(1)}$ で偏微分する。

$$\frac{\partial E}{\partial w_{32}^{(1)}} = \frac{\partial E}{\partial s_2^{(1)}} \frac{\partial s_2^{(1)}}{\partial w_{32}^{(1)}}$$
$$= \frac{\partial E}{\partial y_2^{(1)}} \frac{\partial y_2^{(1)}}{\partial s_2^{(1)}} \frac{\partial s_2^{(1)}}{\partial w_{32}^{(1)}} \tag{5.18}$$

112   5. ニューラルネットワーク

ここで，第 1 層の第 2 ユニットの内部状態 $s_2^{(1)}$ の関係式 $s_2^{(1)} = \sum_{i=0}^{N^{(0)}} w_{i2}^{(1)} y_i^{(0)}$ を
$w_{32}^{(1)}$ で偏微分すると $\partial s_2^{(1)} = \partial w_{32}^{(1)} y_3^{(0)}$，すなわち $\partial s_2^{(1)}/\partial w_{32}^{(1)} = y_3^{(0)}$ が得ら
れる。同様に，同ユニットの出力 $y_2^{(1)}$ の関係式 $y_2^{(1)} = f(s_2^{(1)})$ を $s_2^{(1)}$ で偏微分
すると $\partial y_2^{(1)} = f'(s_2^{(1)})\partial s_2^{(1)}$，すなわち $\partial y_2^{(1)}/\partial s_2^{(1)} = f'(s_2^{(1)})$ が得られる。ま
た，$y_2^{(1)}$ は次層の全ユニットへの入力となっていることに注意して，式 (5.18)
をつぎのように変形する。

$$
\begin{aligned}
\frac{\partial E}{\partial w_{32}^{(1)}} &= \left(\sum_{n=1}^{N^{(2)}} \frac{\partial E_n}{\partial y_2^{(1)}} \right) f'(s_2^{(1)}) y_3^{(0)} \\
&= \left(\sum_{n=1}^{N^{(2)}} \frac{\partial E_n}{\partial s_n^{(2)}} \frac{\partial s_n^{(2)}}{\partial y_2^{(1)}} \right) f'(s_2^{(1)}) y_3^{(0)}
\end{aligned}
\tag{5.19}
$$

さて，$\partial E_n/\partial s_n^{(2)}$ については，式 (5.14) より，$\partial E_n/\partial s_n^{(2)} = -(t_n - y_n^{(2)})f'(s_n^{(2)})$
である。また，第 2 層の第 n ユニットの内部状態 $s_n^{(2)}$ の関係式 $s_n^{(2)} = \sum_{k=0}^{N^{(1)}} w_{kn}^{(2)} y_k^{(1)}$
を $y_2^{(1)}$ で偏微分すると $\partial s_n^{(2)} = w_{2n}^{(2)} \partial y_2^{(1)}$，すなわち $\partial s_n^{(2)}/\partial y_2^{(1)} = w_{2n}^{(2)}$ が得
られる。以上をまとめると，つぎの関係式が得られる。

$$
\frac{\partial E}{\partial w_{32}^{(1)}} = -\left(\sum_{n=1}^{N^{(2)}} (t_n - y_n^{(2)})f'(s_n^{(2)})w_{2n}^{(2)} \right) f'(s_2^{(1)}) y_3^{(0)}
\tag{5.20}
$$

したがって，$w_{32}^{(1)}$ の更新式は以下の式で表せる。

$$
w_{32}^{(1)} \leftarrow w_{32}^{(1)} + \eta \left(\sum_{n=1}^{N^{(2)}} (t_n - y_n^{(2)})f'(s_n^{(2)})w_{2n}^{(2)} \right) f'(s_2^{(1)}) y_3^{(0)}
\tag{5.21}
$$

$$
一般式 : w_{ij}^{(1)} \leftarrow w_{ij}^{(1)} + \eta \left(\sum_{n=1}^{N^{(2)}} (t_n - y_n^{(2)})f'(s_n^{(2)})w_{jn}^{(2)} \right) f'(s_j^{(1)}) y_i^{(0)}
$$

$$
\tag{5.22}
$$

5.3 ディープラーニング

5.3.1 たたみ込みニューラルネットワーク

ディープラーニング（**深層学習**）は，パーセプトロンを4層以上に多層化した学習モデルである．本節では，ディープラーニングとして，画像処理の分野で利用される**たたみ込みニューラルネットワーク**（convolutional neural network, **CNN**）について概説する．

前節で説明したパーセプトロンは，隣接層間ですべてのユニットが結合されていた（**全結合**という）．これに対し，たたみ込みニューラルネットワークでは，図 **5.9** のように特定のユニット同士のみが結合を行う層をもつ．実際のたたみ込みニューラルネットワークでは，画像情報を入力するため，図 **5.10** のように2次元平面的に配置された層構造を有する．特定のユニット同士のみが結合された層では，たたみ込み，もしくはプーリングと呼ばれる処理が行われる．

たたみ込み：たたみ込み処理を行う層（たたみ込み層）では，画像サイズ $N \times N$ の入力画像 $\boldsymbol{x} = (x_{1,1}, x_{1,2}, ..., x_{1,N}, x_{2,1}, ..., x_{N,N})$ に対して，画像処

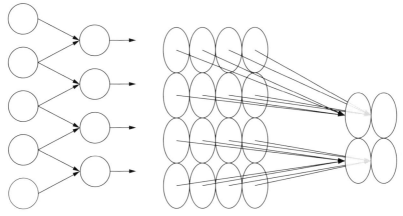

図 **5.9** 特定のユニットとの結合（1次元）　　図 **5.10** 特定のユニットとの結合（2次元）

5. ニューラルネットワーク

理におけるフィルタによるたたみ込みを行う。フィルタサイズ $L \times L$ のフィルタ（結合重み）を $\boldsymbol{w} = (w_{1,1}, ..., w_{1,L}, w_{2,1}, ..., w_{L,L})$ とすると，$\boldsymbol{x}$ と $\boldsymbol{w}$ のたたみ込みの結果画像 $\boldsymbol{y}$ の各要素 $y_{i,j}$ はつぎの式で表せる。

$$y_{i,j} = \sum_{p=1}^{L} \sum_{q=1}^{L} x_{i+p,j+q} w_{p,q} \tag{5.23}$$

図 5.11 に $N = 5$，$L = 3$ のたたみ込みの例を示す。図（a）では，入力と出力のサイズを同一にするために，入力画像の周囲に 0 を割り当てている。これを**ゼロパディング**という。ゼロパディングされた入力画像 Zero–padding $\boldsymbol{x}$ とフィルタ $\boldsymbol{w}$ のたたみ込みの結果が，図（b）の $\boldsymbol{y}$ で

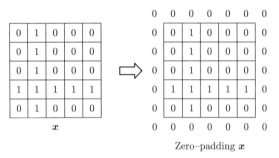

（a）ゼロパディング

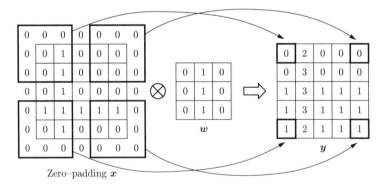

（b）ゼロパディングされた入力とフィルタのたたみ込み

図 5.11　たたみ込みの例（入力画像の周囲に 0 を割り当てるゼロパディングを使用。フィルタによって縦方向の画像情報が強調される）

ある。図より，フィルタによって縦方向の画像情報が強調されていることがわかる。

プーリング：プーリング処理を行う層（プーリング層）は，たたみ込み層と対で使用されることが多い。プーリング層ではユニット数（画像サイズ）を縮約する。これによって，たたみ込み層で得られた特徴の微妙な位置変化にも応答できるようになる。ユニット数の縮約は，ストライド s を設定し，画像を間引くことで行う。例えば，$s = 2$ であれば，出力されるユニット数は $(1/2) \times (1/2)$ 倍になる。プーリングには，平均プーリングや最大プーリング，L_p プーリングなどがある。

- 平均プーリング

$$y_{i,j} = \frac{1}{L^2} \sum_{(p,q) \in P_{i,j}} x_{p,q} \tag{5.24}$$

ここで $P_{i,j}$ は画像 $\boldsymbol{x}$ 上のユニット (i,j) を中心とする $L \times L$ の正方領域に含まれるユニットの集合である。

- 最大プーリング

$$y_{i,j} = \max_{(p,q) \in P_{i,j}} x_{p,q} \tag{5.25}$$

- L_p プーリング

$$y_{i,j} = \left(\frac{1}{L^2} \sum_{(p,q) \in P_{i,j}} x_{p,q}^P \right)^{1/P} \tag{5.26}$$

$P = 1$ で平均プーリング，$P = \infty$ で最大プーリングとなる。例えば，要素 (i,j) を中心とする 3×3 の正方領域に $(0.5, 0.3, 0.2, 0.9, 0.8, 0.7, 0.4, 0.6, 0.1)$ の値を出力する九つのユニットがあった場合，$P = 1$ のとき $y_{i,j} = 0.5$，$P = 10$ のとき $y_{i,j} = 0.75$，$P = 100$ のとき $y_{i,j} = 0.88$ となり，平均値 0.5 から徐々に最大値 0.9 に近づいていくことがわかる。

図 **5.12** に，$N = 5$，$L = 3$，プーリングサイズ 3×3，ストライド $s = 3$ の最大プーリングの例を示す。

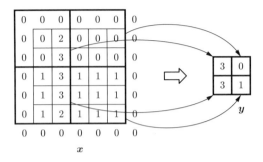

図 **5.12** プーリングの例（プーリングサイズ 3×3, ストライド $s=3$。最大プーリング, ゼロパディングの例）

5.3.2 技術的補足

（1） ユニット結合方式　ユニットを結合する方法には，全結合，たたみ込み，プーリングの他に，回帰結合がある．回帰結合とは，後方の層の出力を前方の層の入力とするようなループを含む結合を指す．回帰結合の例として，過去のデータをつぎの入力に利用する **RNN**（recurrent neural network）がある．

（2） ミニバッチ学習　N 個の学習データがあったとき，全学習データの誤差の和 E を損失関数として学習を行う方法を**バッチ学習**という．つまり，n 番目の学習データの誤差を E_n と表記したとき，学習に使用する損失関数に次式を用いる．

$$E = \sum_{n=1}^{N} E_n \tag{5.27}$$

バッチ学習では，学習データ全体から得られる損失関数 E を用いて学習を行うので，学習が安定するという利点がある一方，局所解に陥る可能性が高いなどの欠点がある．一方で，学習データの中から一つをランダムに抽出し，それを用いて学習を行う方法を**確率的勾配降下法**（**SGD**: stochastic gradient descent）という．確率的勾配降下法は，誤差（損失）の算出にかかる時間がバッチ学習と比較し非常に少ないが，その一方で，毎回得られる誤差にばらつきがあるため学習が安定しない場合がある．

バッチ学習と確率的勾配降下法の中間的な方法として，**ミニバッチ学習**がある。ミニバッチ学習は，学習データを M 個のグループに分け，それぞれから得られる誤差を損失関数として学習を行う方法である。すなわち，m 番目のミニバッチ d_m の誤差 $E(m)$ は次式で与えられる。

$$E(m) = \frac{1}{|d_m|} \sum_{n \in d_m} E_n \tag{5.28}$$

ここで，学習データの分割数 M を**イテレーション**，ミニバッチの中に含まれるデータ数 $|d_m|$ のことを**バッチサイズ**という。また，$M \times |d_m|$ 回の学習を繰り返すと全データに対して一通りの学習ができたことになる。これを 1 エポックといい，繰り返した回数を**エポック数**という。なお，ミニバッチ学習のことを確率的勾配降下法と呼ぶこともある。

（3）学習率の調整　　学習率を適応的に調整する方法の一つに **AdaGrad** がある。AdaGrad では，学習開始時から現在に至るまでの勾配の和 h を用いて学習率を調整する。AdaGrad の学習式は次式で表される。

$$\left. \begin{aligned} h_{ij} &\leftarrow h_{ij} + \left(\frac{\Delta E}{\Delta w_{ij}}\right)^2 \\ w_{ij} &\leftarrow w_{ij} - \frac{\eta}{\sqrt{h_{ij} + \varepsilon}} \frac{\Delta E}{\Delta w_{ij}} \end{aligned} \right\} \tag{5.29}$$

ただし，ε は 0 での除算を避けるための微小定数項である。AdaGrad は学習が進むにつれ学習率が 0 に漸近する。学習が停滞するのを防ぐために時間方向の移動平均をとるようにしたものが，RMSProp や Adadelta である。さらにそれにモーメンタムの項を導入したものが **Adam** である。Adam の学習式は次式で表される。

$$\left. \begin{aligned} m_{ij} &\leftarrow \beta_1 m_{ij} + (1 - \beta_1)\frac{\Delta E}{\Delta w_{ij}}, \qquad \hat{m} = \frac{m_{ij}}{1 - \beta_1^t} \\ v_{ij} &\leftarrow \beta_2 v_{ij} + (1 - \beta_2)\left(\frac{\Delta E}{\Delta w_{ij}}\right)^2, \qquad \hat{v} = \frac{v_{ij}}{1 - \beta_2^t} \\ w_{ij} &\leftarrow w_{ij} - \eta \frac{\hat{m}_{ij}}{\sqrt{\hat{v}_{ij}} + \varepsilon} \end{aligned} \right\} \tag{5.30}$$

ただし，β_i^t は β_i の t 乗を表す（t は現在時刻）。$\eta = 0.001, \beta_1 = 0.9, \beta_2 = 0.999,$ $\varepsilon = 10^{-8}$ が与えられることが多い。また，t は 1 から開始される。Adam は現在，ニューラルネットワークの学習で最も使われる手法の一つであり，多くの問題で他の最適化手法よりも収束が速いことが知られている。

（4） ドロップアウト　　過学習を抑制する手法に**ドロップアウト**がある。ドロップアウトとは，学習時に確率 p で入力層ならびに中間層のユニットをランダムに除外する手法である。学習終了後は，すべてのユニットを使用してテスト・運用を行うが，その際に出力を $(1 - p)$ 倍する必要があることに注意する。ドロップアウトは，複数のモデルを作成し，それらの出力を合成したものを解とするアンサンブル学習を一つのモデルの中で擬似的に行っていると捉えることができる。

（5） **活用例とそのモデル**　　ディープラーニングは，どのような分野に応用されているであろうか。その一部を紹介しよう。

1) **画像分類**　　1 枚の画像の中に写っている対象物が何であるのか推定する問題を画像分類という。画像分類で使用される基本的な CNN モデルには AlexNet や VGGNet などがある。その中でも ResNet が代表的なモデルであるが，近年では自然言語処理分野で用いられる Transformer 型の ViT（vision transformer）なども用いられる。

2) **物体検出**　　物体検出とは，与えられた画像の中に認識対象となる物体が存在している場合に，それを検出するための手法である。CNN ベースの R-CNN や SSD（single shot multibox detector），YOLO（you only look once）などがあるが，最近は Transformer 型の DETR（end-to-end object detection with transformers）もある。また，画像内のピクセルごとに属するクラスを推定する問題をセマンティックセグメンテーションという。この分野にもディープラーニングが広く活用されており，U-Net が代表的な手法である。

3) **自然言語処理**　　自然言語処理は，人が日常使う言語（自然言語）を処理対象とした分野である。画像処理とは異なり，時系列データを取り扱う

必要があるため，過去のデータを保持しておく必要がある。RNN では過去のデータは一つの記憶として引き継がれるが，LSTM（long short-term memory）では短期記憶と長期記憶の二つに分けて引き継ぐ。現在では，Transformer 型のニューラルネットワークが自然言語処理分野では広く使われている。Transformer 型ニューラルネットワークで提案された Multi-head Attention 機構は非常に強力であり，様々な分野で応用されている。自然言語処理分野では，BERT（bidirectional encoder representations from transformers）や GPT（generative pre-trained transformer）が有名である。

4) **その他**　その他にもディープラーニングは，音声認識や，画像・音楽生成などに代表される生成系 AI にも利用されている。

5.4　自己組織化マップ

パーセプトロンは，明示的な教師信号を用いて学習するが，**自己組織化マップ**（self–organizing map，**SOM**）は，教師信号を必要としない。教師信号を必要としない学習手法は，教師なし学習と呼ばれる。入力 x に対して教師信号を与えて写像関係 $y = f(x)$ を学習する手法が**教師あり学習**，入力 x の統計的な構造から写像関係 $y = f(x)$ を構築する手法が**教師なし学習**といえる。

SOM のニューロンモデルは，パーセプトロンとは異なり，入力データと結合重み[†]のユークリッド距離を内部状態とする。したがって，ユニット i の内部状態 s_i は次式で表現される。

$$s_i = \sqrt{\sum_{n=1}^{N}(x_n - w_{ni})^2} = |\boldsymbol{x} - \boldsymbol{w}_i| \tag{5.31}$$

ここで，N は出力側の**ユニット数**である。

基本的な SOM は，図 **5.13** に示すように入力層と出力層の 2 層からなる。

---

†　SOM では結合重みを**参照ベクトル**とも呼ぶ。

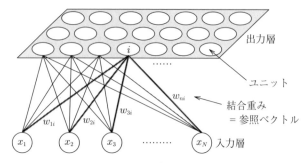

図 5.13 SOM のネットワーク構造

出力層には，2次元平面を用いる場合が多い。出力層では，最も適したユニット，すなわち入力との距離が最小となるユニットのみが発火する。したがって，SOM の出力層のユニット i の出力 y_i は，以下の式で表記できる。

$$y_i = \begin{cases} 1 & (i = \arg\min_j s_j) \\ 0 & (それ以外) \end{cases} \tag{5.32}$$

学習の手続きは以下である。

1) すべての出力層のユニット i について，結合重み $\bm{w}_i$ の各要素 w_{ni} の値をランダムに決定する。

2) 以下を繰り返す。

a) $\bm{x}$ を入力したとき，$\bm{x}$ との距離が最小となるユニット c を取り出す。

$$c = \arg\min_j |\bm{x} - \bm{w}_j| \tag{5.33}$$

b) **勝者ユニット** c，およびその近傍のユニット i の結合重みを更新する。

$$\bm{w}_i \leftarrow \bm{w}_i + h_{ci}(\bm{x} - \bm{w}_i) \tag{5.34}$$

ただし，h_{ci} は近傍関数である。

この学習は，**競合学習**と呼ばれる。競合学習によって，類似した性質を有するユニット（類似した結合重みをもつユニット）がたがいの近傍に集積する。

競合学習時に使用する近傍関数 h_{ci} の値は，学習の進行に合わせて減少させる。近傍関数を以下に例示する。

- 勝者ユニット c の近傍 N_c を用いたもの（図 **5.14**）

$$h_{ci} = \begin{cases} \alpha\left(1 - \dfrac{t}{T}\right) & (i \in N_c) \\ 0 & (i \notin N_c) \end{cases} \tag{5.35}$$

ただし，α は学習率，t は現在の学習回数，T は学習の終了回数である。

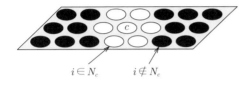

図 **5.14** 近傍関数の例 1

- ガウス関数を利用したもの（図 **5.15**）

$$h_{ci} = \alpha e^{-\frac{|r_c - r_i|^2}{2\sigma^2}} \tag{5.36}$$

ただし，r_i はユニット i の出力層上での位置，σ は学習回数に対して単調減少する関数であり，$\beta e^{-t/T}$ などが用いられる。

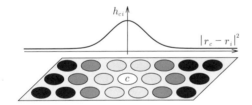

図 **5.15** 近傍関数の例 2

演 習 問 題

【1】 つぎの各問のパーセプトロンに $(x_1, x_2) = \{(0,0), (0,1), (1,0), (1,1)\}$ を入力したときの出力 y を求めよ。
  (1) 出力層の活性化関数は，ステップ関数とする（図 **5.16**）。
  (2) 隠れ層および出力層の活性化関数は，ステップ関数とする（図 **5.17**）。

【2】 図 **5.18** のパーセプトロンに $x_1 = 1$ を入力したときの出力 y を求めよ。隠れ層および出力層の活性化関数は，シグモイド関数とする。シグモイド関数の計

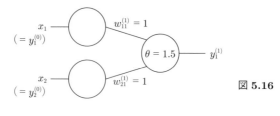

図 5.16

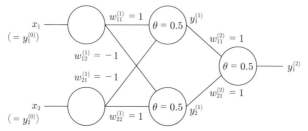

図 5.17

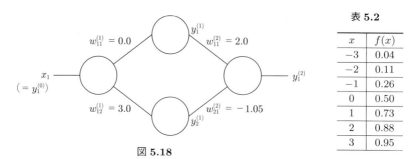

図 5.18

表 5.2

x	$f(x)$
-3	0.04
-2	0.11
-1	0.26
0	0.50
1	0.73
2	0.88
3	0.95

算には，**表 5.2**（入力する x は小数第 1 桁を四捨五入してよい）の $f(x)$ を用いて計算してよい。

【3】 つぎのパーセプトロンが OR 回路として動作するように，誤り訂正学習法で学習せよ。出力層の活性化関数はステップ関数，学習率 $\eta = 0.5$，データは $(0,0) \to (0,1) \to (1,0) \to (1,1)$ の順に繰り返し入力するものとする（**図 5.19**）。

【4】 表 5.1 にあるシグモイド関数および ReLU を微分せよ。

【5】 【2】のパーセプトロンに $x_1 = 1$ を入力したときに，0 を出力するように $w_{11}^{(1)}$，$w_{11}^{(2)}$ を誤差逆伝搬法で結合重みを 1 回更新（学習）せよ。学習率 $\eta = 16$ とする。

〔ヒント〕 計算途中で 0.5 の指数乗（0.5^x）が出てくるが，展開せずにそのまま計算を進めると，容易に答えが求まる。

演　習　問　題　　123

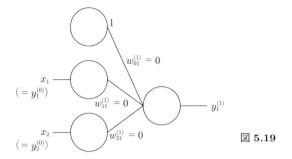

図 5.19

【6】 以下の SOM に $(x_1, x_2) = (1.0, 2.0)$ を入力したときの勝者ユニットはどれか。ただし，出力層のユニット i と入力 x_j との間の結合重みを w_{ij} とする（図 5.20，表 5.3）。

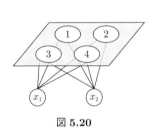

図 5.20

表 5.3

w_{11}	1.5
w_{21}	1.5
w_{12}	1.1
w_{22}	1.8
w_{13}	0.8
w_{23}	1.5
w_{14}	2.0
w_{24}	1.3

【7】 排他的論理和を学習する 3 層パーセプトロンのプログラムを作成せよ。ユニット数は入力層から順に 2, 3, 1 とする。活性化関数はシグモイド関数とする。

6 強化学習

強化学習とは，学習者であるエージェントが，環境との相互作用を通して学習を進める機械学習手法の一つである。本章では，まず，6.1 節で強化学習の枠組みについて概説する。つぎに，6.2 節で，状態価値に基づいて学習を行う TD 学習について説明する。つづいて，行動価値に基づいて学習を行う手法として，6.3 節で方策オン型の SARSA について，6.4 節で方策オフ型の Q 学習について説明する。最後に，6.5 節で学習効率を高めるための手法の一つである適格度トレースを紹介する。

6.1 強化学習の枠組み

図 **6.1** に強化学習の枠組みを示す。まず，**学習者（エージェント）**は，**環境**から現在の**状態** s_t を観測し，**行動** a_t を選択する。つぎに，選択された行動を実行することで，環境からエージェントに新たに観測された状態（**次状態**）s_{t+1} と**報酬** r_t が与えられる。エージェントは，この手続きを繰り返し，得られる報酬の総量を最大化する行動を学習する。これは，言い換えるならば，設計者が

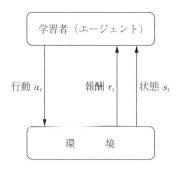

図 **6.1** 強化学習の枠組み

ゴール状態に報酬を与えるだけで，エージェントはゴールへの到達方法を試行錯誤的に自動的に学習する枠組みといえる．ニューラルネットワークでは，設計者は明示的な答え（教師信号）を与える必要があるが，強化学習では，報酬を与えるだけでよい．なお，強化学習では，学習時刻 t をステップ，学習の回数をエピソードと呼ぶ．

強化学習における状態は，マルコフ性を有する必要がある．**マルコフ性**とは，現在の状態と行動（**1 ステップダイナミクス**）で次状態が決まる性質を指す．例えば，図 **6.2** に示す迷路の状態を設計することを考える．図において，白色のマスはエージェントが移動できる床を，黒色のマスは移動できない壁を表している．図 **6.3** に示す状態設計であれば，例えば状態 $s=7$ で行動「上」を実行すると，必ず状態 $s=2$ に遷移する．このように，すべての状態において 1 ステップダイナミクスで次状態が決定されるため，マルコフ性を有しているといえる．また，マルコフ性を満たす状態遷移を**マルコフ決定過程**（Markov decision process, **MDP**）という．

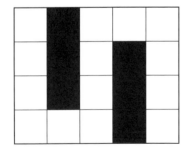

図 **6.2** 迷路の状態設計 　　図 **6.3** マルコフ性のある状態設計

もう一つ，エージェントの前方と左右に距離センサが付いていた場合を考えよう．エージェントの筐体の各方向に取り付けられた距離センサは，その値によって「床」であるのか「壁」であるのかが判定できる．エージェントには距離センサが三つ取り付けられているので，表 **6.1** に示すような状態の分類，すなわち状態設計が可能である．このような設計は一見して問題ないが，例えば，距離センサが (前方, 左, 右) = (床, 壁, 壁) を示している場合，つまり前方に

表 6.1 マルコフ性のない状態設計

前方	左	右	状態
壁	壁	壁	$s=0$
壁	壁	床	$s=1$
壁	床	壁	$s=2$
壁	床	床	$s=3$
床	壁	壁	$s=4$
床	壁	床	$s=5$
床	床	壁	$s=6$
床	床	床	$s=7$

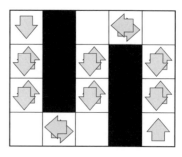

図 6.4 状態 $s(4)$ に分類される状態

は障害物はなく，両側は壁という通路にエージェントがいる状態を考えてみよう。この状態は，表 6.1 では $s=4$ に分類される。状態 $s=4$ と観測される状態は，エージェントの正面を矢印で表すと図 6.4 に示す 18 通りが存在することがわかる。したがって，この設計では，現在の状態（例えば $s=4$）によって同一の行動（例えば前進）をしたとしても，異なる次状態に遷移する。すなわち，マルコフ性を有していないといえる。マルコフ性を有していない状態空間の学習には，過去にどのように遷移してきたかを表す系列情報が必要となる。

6.2 TD 学 習

TD 学習（temporal difference learning）では，エージェントが，環境との相互作用から学習を行うために，各状態に対して価値を設定する。状態 s に設定される価値は，**状態価値**と呼ばれ，$V(s)$ と表記する。例えば，図 6.3 の迷路問題の状態設計には，図 6.5 のように状態価値が設定される。TD 学習では，この状態価値を更新することで学習を進める。

TD 学習の学習式は，パーセプトロンの学習と同様に以下のように表せる。

$$V(s) \leftarrow V(s) + \alpha \Delta V(s) \tag{6.1}$$

ここで，α は学習率である。$\Delta V(s)$ は，**TD 誤差**と呼ばれる。

$\Delta V(s)$ として容易に考えつくのが，次状態 s' と現在の状態 s の状態価値の

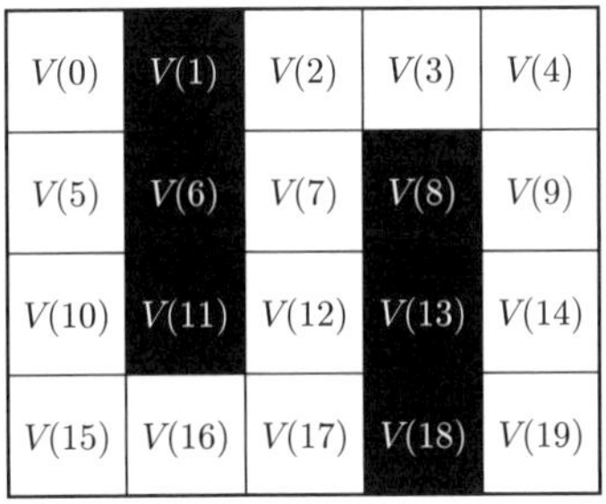

6.2 TD 学 習 *127*

$V(0)$	$V(1)$	$V(2)$	$V(3)$	$V(4)$
$V(5)$	$V(6)$	$V(7)$	$V(8)$	$V(9)$
$V(10)$	$V(11)$	$V(12)$	$V(13)$	$V(14)$
$V(15)$	$V(16)$	$V(17)$	$V(18)$	$V(19)$

図 **6.5** 状態価値の設定

差を用いる方法（**差分学習**）である。

$$\Delta V(s) = V(s') - V(s) \tag{6.2}$$

この方法は，ゴール状態があるような問題（**エピソード的タスク**）であり，かつゴール状態に適切な状態価値が設定されている場合には，良好な動作を示す。しかしながら，ゴール状態がなく無限につづくような問題（**連続タスク**）や，ゴール状態に適切な状態価値が設定されていない場合には学習できない。そこで，状態価値を設定する代わりに，状態遷移に伴い報酬を与えることを考える。

エージェントは，将来獲得できる報酬の総和（**収益**）R を各状態価値に与えることで，それぞれの状況の善し悪しを判断できるようになる。すなわち，$\Delta V(s)$ は以下の式で表せる。

$$\Delta V(s) = R - V(s) \tag{6.3}$$

上式では，現在の状態価値の見積り $V(s)$ よりも収益 R が大きければ $V(s)$ を増加させ，逆の場合は減少させることで学習が進行する。ここで，ステップ t のときに得られる報酬を r_t とすると，将来得られる収益 R_t は以下の式で表せる。

$$R_t = r_t + r_{t+1} + r_{t+2} + ... + r_T \tag{6.4}$$

ただし，T は最終ステップである。最終ステップが明示的に与えられるエピソード的タスクの場合は式 (6.4) の定義で問題ないが，連続タスクの場合は，収益の値が無限大に発散する。そこで，**割引率** $\gamma \in [0, 1)$ を導入した**割引収益**を定義する。

$$R_t = r_t + \gamma r_{t+1} + \gamma^2 r_{t+2} + ... = \sum_{k=0}^{\infty} \gamma^k r_{t+k} \tag{6.5}$$

式 (6.3) の更新式によって学習を行う手法は**モンテカルロ法**と呼ばれる。モンテカルロ法は，$V(s)$ の値を更新するために，最終ステップまで待たなければならない。この問題を解決した学習アルゴリズムが **TD 学習アルゴリズム**である。

ステップ t における $V(s_t)$ は，割引収益の期待値 $E[R_t|s_t]$ と等しい。これを以下のように式展開する。

$$
\begin{aligned}
V(s_t) &= E\Big[R_t|s_t\Big] \\
&= E\Big[\sum_{k=0}^{\infty} \gamma^k r_{t+k}|s_t\Big] \\
&= E\Big[r_t + \sum_{k=1}^{\infty} \gamma^k r_{t+k}|s_t\Big] \\
&= E\Big[r_t + \gamma \sum_{k=0}^{\infty} \gamma^k r_{t+k+1}|s_t\Big] \\
&= E\Big[r_t + \gamma V(s_{t+1})|s_t\Big]
\end{aligned}
\tag{6.6}
$$

したがって，$\Delta V(s)$ は以下の式で表せる。

$$\Delta V(s) = r + \gamma V(s') - V(s) \tag{6.7}$$

ここで，s' は次状態である。以上をまとめると，TD 学習の状態価値の更新式は以下のように表せる。

$$V(s) \leftarrow V(s) + \alpha\Big(r + \gamma V(s') - V(s)\Big) \tag{6.8}$$

図 6.6 に TD 学習アルゴリズムを示す。同アルゴリズムにおいて，方策とは，行動を決定するための関数である。

行動をランダムに決定するものとして，1 次元の移動問題を考えてみよう。まず，エピソード的タスクとして，式 (6.2) の差分学習を適用する環境を**図 6.7** (a) に，式 (6.7) の TD 学習を適用する環境を図 (b) に示す。両図において，エー

1: $V(s)$ を任意に初期化
2: **loop**
3:    s を初期化
4:    **repeat**
5:      方策に従って s での行動 a を選択
6:      行動 a を実行し，報酬 r と次状態 s' を観測
7:      $V(s) \leftarrow V(s) + \alpha\Big(r + \gamma V(s') - V(s)\Big)$
8:      $s \leftarrow s'$
9:    **until** s が終端状態ならば繰り返しを終了
10: **end loop**

図 **6.6** TD 学習アルゴリズム

ジェントは状態 $s = 3$ から開始する（丸枠内に書かれた数が状態の番号を表す）。左右両端が終端状態となっており，エージェントがそこに到達すると，1 回のエ

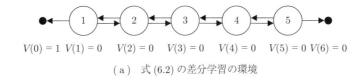

（a） 式 (6.2) の差分学習の環境

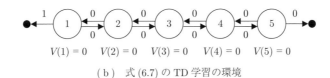

（b） 式 (6.7) の TD 学習の環境

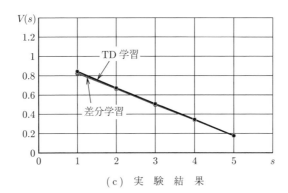

（c） 実 験 結 果

図 **6.7** エピソード的タスクの実験

130　　**6. 強 化 学 習**

ピソードが終了し，強制的に初期状態に遷移する。図（a）では，報酬が得られ
ない代わりに，終端状態 $s = 0$ において，状態価値 $V(0) = 1$ を設定する。すな
わち，$s = 1$ から $s = 0$ に遷移した際に，式 (6.2) において $V(s') = V(0) = 1$
が与えられる。なお，それ以外の状態価値はすべて 0 に初期化する。図（b）で
は，状態 $s = 1$ から $s = 0$ に遷移した際に報酬 $r = 1$ が得られる（矢印に添
えられた数値が報酬を表す）。それ以外の遷移には報酬はなく，また状態価値は
すべて 0 で初期化する。学習率 α は 0.5 を初期値として 0 に向かって減少させ
る。式 (6.7) の割引率 γ は 1.0 とし，十分なエピソード数を学習させる。学習
結果を図（c）に示す。両手法とも，ほぼ同様の値に収束している。この値の
真値は，**吸収状態**[†1] のある**ランダムウォーク問題**[†2] の吸収状態への**遷移確率**[†3]
である。このタスクにおいて，左端の吸収状態（$s = 0$）への遷移確率を求め
てみよう。ある状態 s から報酬が得られる状態 $s' = 0$ に遷移する確率を p_s と
表記する。状態 $s = 0$ もしくは $s = 6$ に遷移した際にエピソードが終了する
ため，$p_0 = 1$（$s = 0$ から $s' = 0$ に遷移する確率は 1），$p_6 = 0$（$s = 6$ か
ら $s' = 0$ に遷移する確率は 0）である。ここで，1 回の移動における遷移確率
は，ランダムに行動することから，$p_s = (1/2)p_{s-1} + (1/2)p_{s+1}$ である。これ
を式変形すると，$p_{s+1} - p_s = p_s - p_{s-1} = \delta$（一定）の関係が得られるため，
$p_s = \delta s + p_0$ の等差数列とみなすことができる。$s = 6$ とすると，$p_6 = \delta \times 6 + 1$
より，$\delta = -1/6$ となる。$p_s = -s/6 + 1$ より，それぞれの状態への遷移確率
は，$p_1 = 5/6$, $p_2 = 4/6$, $p_3 = 3/6$, $p_4 = 2/6$, $p_5 = 1/6$ となる。なお，ベ
ルマン方程式を解いても同様の解が得られる。

　ベルマン方程式は以下の式で与えられる。

$$V(s) = \sum_a \pi(s, a) \sum_{s'} P^a_{ss'} \left(R^a_{ss'} + \gamma V(s') \right) \tag{6.9}$$

ここで，$\pi(s, a)$ は状態 s で行動 a を選択する確率，$P^a_{ss'}$ は状態 s で行動 a を実

---

†1　エージェントが到達するとエピソードが終了する状態。数学や物理学では**吸収壁**とも
　　呼ばれる。

†2　つぎの状態がランダムに決定される問題。

†3　ある状態から別の状態に遷移する確率。この問題の場合左右にランダムに遷移するの
　　で，ある状態からその隣の状態への遷移確率は 1/2。

行したときに状態 s' に遷移する確率，$R^a_{ss'}$ は状態 s で行動 a を実行したときに得られる報酬の期待値である．図 6.7 (b) の場合，$a \in \{\,左, 右\,\}$ であり，等確率で行動を選択するため，すべての状態 s において $\pi(s, 左) = \pi(s, 右) = 1/2$ である．また，状態 s において行動 a を実行したときに，遷移する状態は一意に決まるため，$P^a_{ss'} = 1$ である．$R^a_{ss'}$ についても同様であり，各遷移によって得られる報酬値と等しい．したがって，開始状態からの状態遷移図は**図 6.8** のように表せる．**図 6.9** は一般的な状態遷移図である．

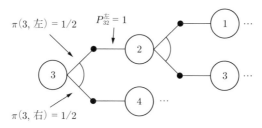

図 6.8 図 6.7 (b) の状態遷移図

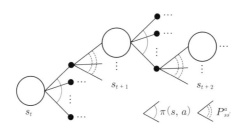

図 6.9 一般的な状態遷移図

図 6.9 において，状態 s において a を実行した際に遷移する状態 s' が複数あるとはどのような状況であろうか．これは，例えば，図 6.7 (b) の状態 $s = 3$ において $a =$ "左" を選択した際に，状態 $s = 2$ に移動する場合もあれば，状態 $s = 3$ にとどまる場合もあるような，確率的に遷移先が決定するような状況を指す．以上を踏まえて，ベルマン方程式を用いて，図 6.7 (b) の移動問題の状態価値を計算してみよう．まず，エージェントはランダムに行動するため，

132 　　6. 強　化　学　習

$\pi(s, a) = 1/2$ である。つぎに，今回の問題では，状態 s において行動 a を実行
した結果遷移する状態 s' は一意に決まるため，$P_{ss'}^a = 1$ である。なお，終端状
態の状態価値には，$V(0) = V(6) = 0$ を設定する。以上から，$V(1)$ について
はつぎの通り解ける。

$$
\begin{aligned}
V(1) &= \sum_{a \in \{ \text{左}, \text{右} \}} \pi(1, a) \sum_{s'} P_{1s'}^a \left(R_{1s'}^a + \gamma V(s') \right) \\
&= \sum_{a \in \{ \text{左}, \text{右} \}} \pi(1, a) \left(R_{1s'}^a + \gamma V(s') \right) \quad \text{※ } |s'| = 1, \ P_{1s'}^a = 1 \text{ より} \\
&= \pi(1, \text{左}) \left(R_{10}^{\text{左}} + \gamma V(0) \right) + \pi(1, \text{右}) \left(R_{12}^{\text{右}} + \gamma V(2) \right) \\
&= \frac{1}{2} \left(1 + 1 \times 0 \right) + \frac{1}{2} \left(0 + 1 \times V(2) \right) = \frac{1}{2} + \frac{1}{2} V(2) \quad (6.10)
\end{aligned}
$$

同様に

$$
V(2) = \frac{1}{2} V(1) + \frac{1}{2} V(3), \ V(3) = \frac{1}{2} V(2) + \frac{1}{2} V(4),
$$
$$
V(4) = \frac{1}{2} V(3) + \frac{1}{2} V(5), \ V(5) = \frac{1}{2} V(4)
$$

である。これらの式を連立して解くと，$p_s = V(s)$ であることがわかる。

　つぎに連続タスクの例を考える。図 **6.10** (a) の環境に式 (6.2) の差分学習
を，図 (b) の環境に式 (6.7) の TD 学習を適用する。図 (a) では，状態 $s = 1$
で左に移動した場合と状態 $s = 5$ で右に移動した場合は，同一の状態にとどま
るものとする。また，$V(1)$ のみ 1 を，それ以外には 0 を初期値として設定す
る。図 (b) でも同様に，状態 $s = 1$ で左に移動した場合と状態 $s = 5$ で右に
移動した場合は，同一の状態にとどまるものとする。また，状態 $s = 1$ で自状
態に遷移した場合のみ報酬 1 が得られるものとし，それ以外の遷移では報酬は
得られない。状態価値はすべて 0 で初期化する。学習率 α は 0.5 を初期値とし
て 0 に向かって減少させる。式 (6.7) の割引率 γ を 1 に設定すると状態価値が
無限大に発散するため，γ は 0.8 とする。十分な回数だけ学習させた結果を図
(c) に示す。図より，式 (6.2) の差分学習を適用した場合，$V(1)$ に設定して
あった状態価値の値が他の状態に均等に分配されてしまい，期待どおりに学習

6.2 TD 学習　　　133

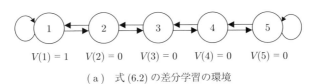

（ a ） 式 (6.2) の差分学習の環境

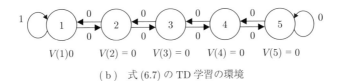

（ b ） 式 (6.7) の TD 学習の環境

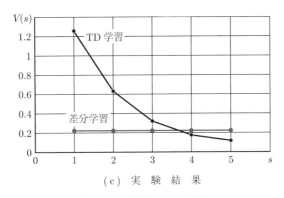

（ c ） 実 験 結 果

図 **6.10** 連続タスクの実験

できたとはいえない。一方，式 (6.7) の TD 学習を適用した場合，期待収益に基づいて状態価値が推定されていることがわかる。

上述した TD 学習アルゴリズムでは，方策 (行動を決定するための関数) を学習することができない。方策を陽に学習する TD 学習アルゴリズムに actor–critic がある。**actor–critic** は，方策を決定する actor と，状態価値を更新する critic で構成される。actor には，行動を決定するための関数が必要となる。例えば，状態 s とそのときとり得る行動 a の対 $p(s,a)$ を用いる方策が考えられる。この対を用いれば，状態 s における行動を決定する方策 $\pi(s)$ は以下のように定義できる。

$$\pi(s) = \arg\max_{b \in \mathcal{A}} p(s,b) \tag{6.11}$$

ここで，$\mathcal{A}$ は状態 s においてとり得る行動の集合である。しかし，この方法では，つねに最もよい行動が選択されてしまう（**グリーディ方策**）。そこで，確率的に行動を選択させるために，以下の**ソフトマックス手法**を用いる方法が考えられる。状態 s においてとり得る行動 a の選択確率を決定する方策 $\pi(s,a)$ は以下のように定義できる。

$$\pi(s,a) = \frac{e^{p(s,a)}}{\displaystyle\sum_{b\in\mathcal{A}} e^{p(s,b)}} \tag{6.12}$$

$p(s,a)$ の学習は，以下の式で行われる。

$$p(s,a) \leftarrow p(s,a) + \beta \Delta V(s) \tag{6.13}$$

ここで，β は学習率である。また，critic の学習は，式 (6.8) で行われる。

6.3　SARSA

TD 学習では，各状態に対して価値（状態価値）を与えていた。本節では，状態と行動の対に対して価値（**行動価値**）を与える手法を紹介する。

SARSA は，現在の状態 s_t とその状態において方策によって選択される行動 a_t，報酬 r_t，次状態 s_{t+1}，および次状態において方策によって選択される行動 a_{t+1} を用いて行動価値 $Q(s_t, a_t)$ を更新する。SARSA は，これらの五つの情報 s_t，a_t，r_t，s_{t+1}，a_{t+1} の頭文字をとって命名されている。

SARSA の更新式は以下の式で表される。

$$Q(s_t, a_t) \leftarrow Q(s_t, a_t) + \alpha\Big(r_t + \gamma Q(s_{t+1}, a_{t+1}) - Q(s_t, a_t)\Big) \tag{6.14}$$

この式のプログラムはプログラム 6-1 のようになる。

―――――― プログラム **6-1** (SARSA の学習関数) ――――――

```
1   void sarsa(int s, int a, double r, int ns, int na) {
2       Q[s][a] = Q[s][a] + alpha * (r + gamma * Q[ns][na] - Q[s][a]);
3   }
```

6.3   SARSA   135

引数 s は現在の状態，a は現在の状態における行動，r は報酬，ns は次状態，na は次状態における行動である。

SARSA では，方策に従って行動価値が更新される。このことから，**方策オン型学習**と位置づけられる。したがって，SARSA では，ランダム探索を含むような方策においては，より安全な行動を選択する行動価値が獲得される。

プログラム 6-2 にランダム探索を含むような方策の例として，ϵ-グリーディ方策を示す。

―――――― **プログラム 6-2** (ϵ-グリーディ方策) ――――――

```
 1   int action(int s) {
 2     int k;
 3     int act;
 4     if (random() < epsilon) { // random() は [0,1) の一様乱数発生関数
 5       return (int)(random() * ACT_NUM); // ACT_NUM は行動の総数
 6     } else {
 7       double max = Q[s][0];
 8       act = 0;
 9       for (k = 1; k < ACT_NUM; k++) {
10         if (max < Q[s][k]) {
11           max = Q[s][k];
12           act = k;
13         }
14       }
15       return act;
16     }
17   }
```

ϵ-グリーディ方策は，ϵ の確率でランダムに行動し，$1-\epsilon$ の確率で最適行動を選択する方策である。本プログラムにおいて，引数 s は現在の状態，epsilon はランダム行動の確率，ACT_NUM はとり得ることができる行動の総数である。区間 $[0,1)$ の乱数を発生させる関数 random() と epsilon を比較することで，確率的な行動選択を行っている。ϵ-グリーディ方策以外にも，$p(s,a) = Q(s,a)$ として式 (6.12) のソフトマックス手法を用いることも可能である。以下に，SARSA の方策として ϵ-グリーディ方策を用いた場合に，安全な経路を学習することを迷路問題で確認する。

図6.11に迷路環境を示す。図において，Sと書かれたマスが初期状態，Gと書かれたマスが終了状態を表す。また，×の書かれたマスは崖を表しており，エージェントがそのマス内に入ると大きな負の報酬が与えられる。各マスの色は行動価値を表しており，黒色に近いほど高い価値を示す。図から，行動価値は初期状態ではランダムに設定されていることが見てとれる。また，各マスの矢印は，それぞれのマスにおける最適行動である。すなわち，$\arg\max_b Q(s,b)$を矢印の向きで示している。報酬は，終了状態に到達したときに1を，崖のマスに入ったときに-100を，それ以外の移動には-1を与える。また，終了状態と崖のマスを訪問した場合，自動的に初期状態に移動する（エピソード的タスク）。学習のパラメータは，$\alpha = 0.2$，$\gamma = 0.9$とする。行動選択は，確率0.3でランダムに行動するϵ-グリーディ方策を用いる。SARSAで学習した結果を図6.12に示す。この環境における最短経路は最上段を左から右へ直進する経路であるが，その直下には崖があるため危険な経路といえる。SARSAで学習すると，崖周辺を迂回し，ゴールへ到達する経路が学習されていることが見てとれる。

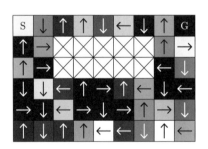
図6.11 迷路の経路探索学習（学習前）

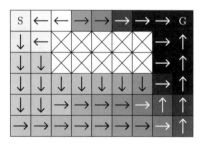
図6.12 迷路の経路探索学習（SARSAによる結果）

図6.13にSARSAアルゴリズムを示す。SARSAアルゴリズムの特徴は，現在の状態，および次状態において，方策を用いて行動を決定している点にある（方策オン型学習）。つぎの節では，行動価値を更新する際に方策を用いない学習アルゴリズム，Q学習について説明する。

6.4 Q 学 習　　137

1: $Q(s, a)$ を任意に初期化
2: **loop**
3: 　　s を初期化
4: 　　Q に導かれる方策に従って s での行動 a を選択
5: 　　**repeat**
6: 　　　　行動 a を実行し，報酬 r と次状態 s' を観測
7: 　　　　Q に導かれる方策に従って s' での行動 a' を選択
8: 　　　　$Q(s, a) \leftarrow Q(s, a) + \alpha(r + \gamma Q(s', a') - Q(s, a))$
9: 　　　　$s \leftarrow s'$
10: 　　　$a \leftarrow a'$
11: 　　**until** s が終端状態ならば繰り返しを終了
12: **end loop**

図 **6.13** SARSA アルゴリズム

6.4 Q 学 習

Q 学習は，ステップ t における状態 s_t において，行動 a_t を選択した際の行動価値 $Q(s_t, a_t)$ を，以下の式で更新する。

$$Q(s_t, a_t) \leftarrow Q(s_t, a_t) + \alpha\left(r_t + \gamma \max_a Q(s_{t+1}, a) - Q(s_t, a_t)\right) \quad (6.15)$$

プログラム 6-3 に Q 学習の学習関数のプログラムを示す。

―――――― プログラム **6-3** (Q 学習の学習関数) ――――――

```
1   void q_learning(int s, int a, double r, int ns) {
2     int k;
3     double maxQ = Q[ns][0];
4     for (k = 1; k < ACT_NUM; k++) {
5       if (maxQ < Q[ns][k]) {
6         maxQ = Q[ns][k];
7       }
8     }
9     Q[s][a] = Q[s][a] + alpha * (r + gamma * maxQ - Q[s][a]);
10  }
```

　Q 学習では，方策とは無関係に，次状態の行動価値の値が最大となる行動を選択している。言い換えるならば，方策とは無関係に学習を進めているといえる。このことから，Q 学習は，**方策オフ型学習**と呼ばれる。図 **6.14** に Q 学習

1: $Q(s,a)$ を任意に初期化
2: **loop**
3:    s を初期化
4:    **repeat**
5:       Q に導かれる方策に従って s での行動 a を選択
6:       行動 a を実行し，報酬 r と次状態 s' を観測
7:       $Q(s,a) \leftarrow Q(s,a) + \alpha(r + \gamma \max_b Q(s',b) - Q(s,a))$
8:       $s \leftarrow s'$
9:    **until** s が終端状態ならば繰り返しを終了
10: **end loop**

図 **6.14** Q 学習アルゴリズム

のアルゴリズムを示す．Q 学習は，マルコフ決定過程であれば，最適な方策が得られることが保証されている．また，SARSA よりもアルゴリズムが単純なため応用が容易であるという特徴がある．

  Q 学習の動作を先ほどの図 6.11 の迷路問題を用いて確認する．報酬の設定や学習パラメータは SARSA と同様とする．また，行動選択の方策も同様に，確率 0.3 でランダムに行動する ϵ–グリーディ方策を用いる．図 6.11 の迷路環境を Q 学習で学習した結果を図 **6.15** に示す．Q 学習は，最適な行動価値を直接的に近似しているため，初期状態から終了状態へ向かって直進する最短経路が獲得されていることがわかる．

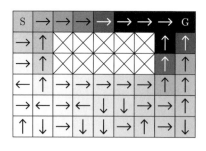

図 **6.15** 迷路の経路探索学習
　　　　（Q 学習による結果）

6.5　適格度トレース

  前節までの強化学習手法では，1 時間間隔（1 ステップ間隔）の情報のみを用いて価値を更新している．このため，学習の収束までに多くのエピソードを必

要とする。本節では，過去の n 時間（n ステップ）の情報を用いることで学習の収束性を高める適格度トレースについて，TD 学習を例にして説明する。

まず，すべての状態に対して，過去の履歴を保存する変数 $e(s)$ を考える。この $e(s)$ は**適格度トレース**と呼ばれ，以下の式で更新される。

$$e(s) \leftarrow \begin{cases} \gamma \lambda e(s) + 1 & \text{（エージェントがいる状態）} \\ \gamma \lambda e(s) & \text{（それ以外）} \end{cases} \tag{6.16}$$

ここで，γ は学習でも使用する割引率，$\lambda \in (0, 1)$ は減衰パラメータである。適格度トレースによる状態価値の更新式は次式で表せる。

$$V(s) \leftarrow V(s) + \alpha e(s)\Big(r + \gamma V(s') - V(s)\Big) \tag{6.17}$$

適格度トレースを導入した TD 学習全体のアルゴリズムを図 **6.16** に示す。ΔV は現在の状態 s と次状態 s' の TD 誤差を保存する変数であり，すべての状態価値を更新する前に値を保存しておく。保存された ΔV を用いてすべての状態価値を更新する。したがって，1 回の学習に必要となる計算量は，適格度トレースを用いなければ $O(1)$ であるが，適格度トレースを用いると $O(|\mathcal{S}|)$ となることに注意されたい（$\mathcal{S}$ は状態空間）。

1: $V(s)$ を任意に初期化。すべての $s \in \mathcal{S}$ に対して $e(s) = 0$ に初期化
2: **loop**
3:    s を初期化
4:    **repeat**
5:       方策に従って s での行動 a を選択
6:       行動 a を実行し，報酬 r と次状態 s' を観測
7:       $\Delta V \leftarrow r + \gamma V(s') - V(s)$
8:       $e(s) \leftarrow e(s) + 1$
9:       **for** すべての状態 u に対して **do**
10:          $V(u) \leftarrow V(u) + \alpha e(u)\Delta V$
11:          $e(u) \leftarrow \gamma \lambda e(u)$
12:       **end for**
13:       $s \leftarrow s'$
14:    **until** s が終端状態ならば繰り返しを終了
15: **end loop**

図 **6.16**　適格度トレースを導入した TD 学習アルゴリズム

演 習 問 題

【1】 図 **6.17** の両端に吸収状態 ($s = 0$, $s = 4$) のあるランダムウォークについて，ベルマン方程式を用いて各状態の状態価値を求めよ。すべての状態価値は，0 で初期化してあるものとする。また，割引率は $\gamma = 1$ とする。

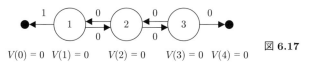

図 **6.17**

【2】 3×3 のマスに○と×を交互に置き，縦，横，斜めのいずれかに自分のコマを並べると勝利となる「三目並べ」について以下の問に答えよ。
(1) 行動数はいくつか。
(2) 状態数はいくつか。
(3) 状態の対称性を考慮すると状態空間はどの程度削減可能か。
(4) 状態 s の状態価値が $V(s) = 1.0$，状態 s' の価値が $V(s') = 2.0$ であった。状態 s において，ある行動によって状態 s' に遷移したときに報酬 $r = -1$ を得た。学習率 $\alpha = 0.5$，割引率 $\gamma = 0.9$ のとき，$V(s)$ を更新せよ。

【3】 図 **6.18** の迷路問題について答えよ。丸枠内の記号は状態を表し，状態 s_1 を初期状態とする。状態 s_4 で下に移動する行動を行ったときに1回のエピソードを終了するものとする。また，矢印に添えてある数字は，行動価値を表す。例えば，$Q(s_5, 下) = 2.8$ である。学習率を $\alpha = 0.2$，割引率を $\gamma = 0.9$ とす

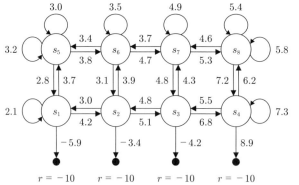

図 **6.18**

演 習 問 題 *141*

る。行動選択はグリーディ方策で行うものとする。

(1) 状態 s_1 において，行動価値から選択される行動 a（上下左右）を答えよ。

(2) 状態 s_1 において行動 a を実行した後，次状態 s' に遷移した。s' において選択される行動 a'（上下左右）を答えよ。

(3)（2）のとき報酬 1 が得られた。SARSA アルゴリズムで状態 s_1 の行動価値 $Q(s_1, a)$ を更新せよ。

(4)（3）と同様に Q 学習アルゴリズムで状態 s_1 の行動価値 $Q(s_1, a)$ を更新せよ。

(5) ϵ–グリーディ方策などの確率的な方策を用いた場合，SARSA アルゴリズムによって得られる経路として最も適切な経路を $s_1 \to s_2...$ の形式で答えよ。

(6) ϵ–グリーディ方策などの確率的な方策を用いた場合，Q 学習アルゴリズムによって得られる経路として最も適切な経路を $s_1 \to s_2...$ の形式で答えよ。

【 4 】 SARSA を用いて図 6.11 の迷路を解くプログラムを作成せよ。

〔ヒント〕 状態空間を 1 次元（Q[s][a] の形式）で表現するとプログラムが煩雑になる。プログラムの可読性を高めるために，状態空間を 2 次元で表現するとよい（Q[y][x][a] の形式）。

COMPUTER SCIENCE TEXTBOOK SERIES □

C7 その他の機械学習アルゴリズム

　与えられたデータを分離する手法には，**クラス分類**と**クラスタリング**の二つがある。クラス分類とは，各データに対して事前にどのグループ（クラス）に属するかを与え，クラス間の境界（**決定境界**）を求める手法である。属するクラス情報を事前に与えることから，教師あり学習といえる。分類するクラスの数が二つのときは2クラス分類，三つ以上のときは多クラス分類という。クラスタリングとは，各データの持つ特徴から，類似するものを集めたグループを求める手法である。教師なし学習の一つであり，クラスタ分析やクラスタ解析と呼ぶこともある。k-means に代表される非階層型クラスタリングとデンドログラム（樹形図）を生成する階層型クラスタリングに大別される。また，クラス分類とクラスタリングに類似する方法に**次元削減**がある。次元削減とは，各データの持つ特徴が多数あり，一瞥してデータの類似関係が把握しづらいときに特徴の数を二つや三つに集約することで，データの類似関係を可視化する手法である。代表的なものに主成分分析や SOM，ニューラルネットワークの Auto Encoder がある。

　本章では，クラス分類手法の一つであるサポートベクターマシンと，次元削減手法である t-SNE について説明する。

7.1　サポートベクターマシン

　サポートベクターマシン（support vector machine, **SVM**）は，2クラス分類手法の一つであり，データが複数の特徴を有する場合においても高い識別性能を発揮するため，さまざまな場面で活用されている。まず，SVM の基本概念について説明する。

　図 7.1 にデータの入力空間例を示す。同図において，$\langle , \rangle$ は内積を表してい

7.1 サポートベクターマシン

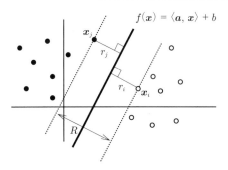

図 7.1 2クラス分類問題における入力空間の例

る。また，クラス1に属するデータ x_i $(i=1,\ldots,N)$ を○で，クラス2に属するデータ x_j $(j=N+1,\ldots,M)$ を●で表している。ここで，これら二つのクラスに属するデータを正しく分離する**超平面**[†]$f(x)$ が与えられたとすると，クラス1について $f(x_i)<0$ ならばクラス2については $0 \leqq f(x_j)$ となることから，超平面とデータ x_k との距離 r_k は，$k \leqq N$ のとき $t_k=-1$，$k>N$ のとき $t_k=1$ となる教師信号 t_k を用いて次式のように表せる。

$$r_k = \frac{|f(x_k)|}{\|a\|} = \frac{|\langle a, x_k \rangle + b|}{\|a\|} = \frac{t_k(\langle a, x_k \rangle + b)}{\|a\|} \tag{7.1}$$

このとき，それぞれのクラスに属する任意の点 x_i, x_j において，2点と超平面との距離の和 $R = r_i + r_j$ が最大となる場合，二つのクラスを分類するための最良の決定境界となる。R をマージンと呼ぶが，SVMの学習は $r_k \geqq R/2$ となる R を最大化することで行われる。

$$r_k = \frac{t_k(\langle a, x_k \rangle + b)}{\|a\|} \geqq \frac{R}{2} \tag{7.2}$$

ここで，式 (7.2) をつぎのように変形する。

$$t_k \left(\frac{2}{R\|a\|} \langle a, x_k \rangle + \frac{2}{R\|a\|} b \right) \geqq 1 \tag{7.3}$$

$\dfrac{2}{R\|a\|}a$ および $\dfrac{2}{R\|a\|}b$ をそれぞれ改めて a, b として

[†] 超平面とは，n 次元空間において $n-1$ 次元で表現される部分空間を指す。例えば，2次元空間であれば1次元，すなわち直線に該当する。

144   7. その他の機械学習アルゴリズム

$$t_k(\langle \boldsymbol{a}, \boldsymbol{x}_k \rangle + b) \geqq 1 \tag{7.4}$$

さて，決定境界に最も近い点 $\boldsymbol{x}_k$（図 7.1 に例示した $\boldsymbol{x}_i$ と $\boldsymbol{x}_j$）については，つぎの等式が成り立つ。

$$t_k(\langle \boldsymbol{a}, \boldsymbol{x}_k \rangle + b) = 1 \tag{7.5}$$

これらの点は**サポートベクター**と呼ばれる。サポートベクターについて，式 (7.5) および式 (7.1) から，つぎの関係が得られる。

$$\frac{t_k(\langle \boldsymbol{a}, \boldsymbol{x}_k \rangle + b)}{\|\boldsymbol{a}\|} = \frac{1}{\|\boldsymbol{a}\|} = \frac{R}{2} \tag{7.6}$$

したがって，SVM の学習は $1/\|\boldsymbol{a}\|$ を最大化する問題といえる。

7.1.1 ハードマージン最適化

$1/\|\boldsymbol{a}\|$ を最大化する問題について，後の数学的な取り扱いを容易にするために，$\|\boldsymbol{a}\|$ の 2 乗の問題としてつぎのように最小化問題として定式化する。

主問題：$\arg \min_{\boldsymbol{a},b} \dfrac{1}{2}\|\boldsymbol{a}\|^2$

制約条件：$t_k(\langle \boldsymbol{a}, \boldsymbol{x}_k \rangle + b) - 1 \geqq 0$ ※式 (7.4) より

この問題を解くために**ラグランジュの未定乗数法**を適用する。ラグランジュ関数 $L(\boldsymbol{a}, b, \boldsymbol{\lambda})$ は定義に従って，つぎのように与えられる。

$$
\begin{aligned}
L(\boldsymbol{a}, b, \boldsymbol{\lambda}) &= \frac{1}{2}\|\boldsymbol{a}\|^2 - \sum_{k=1}^{M} \lambda_k \big(t_k(\langle \boldsymbol{a}, \boldsymbol{x}_k \rangle + b) - 1\big) \\
&= \frac{1}{2}\langle \boldsymbol{a}, \boldsymbol{a} \rangle - \Big\langle \boldsymbol{a}, \sum_{k=1}^{M} \lambda_k t_k \boldsymbol{x}_k \Big\rangle - b \sum_{k=1}^{M} \lambda_k t_k + \sum_{k=1}^{M} \lambda_k
\end{aligned} \tag{7.7}
$$

ただし，$\boldsymbol{\lambda}$ $(\lambda_k \geqq 0)$ はラグランジュ乗数である。さて，問題の解が存在するための必要十分条件は，$\partial L(\boldsymbol{a}, b, \boldsymbol{\lambda})/\partial \boldsymbol{a} = \partial L(\boldsymbol{a}, b, \boldsymbol{\lambda})/\partial b - 0$ であることから，つぎの関係式が得られる。

$$\frac{\partial L(\boldsymbol{a}, b, \boldsymbol{\lambda})}{\partial \boldsymbol{a}} = \boldsymbol{a} - \sum_{k=1}^{M} \lambda_k t_k \boldsymbol{x}_k = 0, \quad \text{すなわち } \boldsymbol{a} = \sum_{k=1}^{M} \lambda_k t_k \boldsymbol{x}_k \quad (7.8)$$

$$\frac{\partial L(\boldsymbol{a}, b, \boldsymbol{\lambda})}{\partial b} = -\sum_{k=1}^{M} \lambda_k t_k = 0 \quad (7.9)$$

これらを，式 (7.7) に代入するとつぎの式が得られる。

$$L(\boldsymbol{a}, b, \boldsymbol{\lambda}) = -\frac{1}{2} \langle \boldsymbol{a}, \boldsymbol{a} \rangle + \sum_{k=1}^{M} \lambda_k$$

$$\Leftrightarrow \ L(\boldsymbol{\lambda}) = -\frac{1}{2} \sum_{k=1}^{M} \sum_{\ell=1}^{M} \lambda_k \lambda_\ell t_k t_\ell \langle \boldsymbol{x}_k, \boldsymbol{x}_\ell \rangle + \sum_{k=1}^{M} \lambda_k \quad (7.10)$$

よって，ラグランジュ関数 $L(\boldsymbol{a}, b, \boldsymbol{\lambda})$ がラグランジュ乗数のみの関数 $L(\boldsymbol{\lambda})$ として表現できたため，主問題の**双対問題**を得ることができる。

双対問題：$\arg\max_{\boldsymbol{\lambda}} L(\boldsymbol{\lambda})$

制約条件：$\lambda_k \geqq 0, \dfrac{\partial L(\boldsymbol{\lambda})}{\partial b} = \sum_{k=1}^{M} \lambda_k t_k = 0$

双対問題は，もとの主問題における不等式制約に比べて単純な表現形式であるため，数値的に解くことが容易である。これを最適化する手法を**ハードマージン最適化**という。

SVM のデータ構造をプログラム 7-1 に示す。

――――― プログラム **7-1** (SVM のデータ構造) ―――――

```
1   #define DIM 2     // データの特徴量の次元数
2   #define M  200    // データ数
3   double eta = 0.1;// 学習率
4
5   struct Data {
6     double x[DIM]; // データの特徴量
7     double t;      // 教師信号
8     double lambda; // ラグランジュ乗数
9   };
10
11  Data data[M];     // 学習データ
12  double bias = 0; //バイアス
```

146　　7.　その他の機械学習アルゴリズム

SVM の学習方法としてバイアス b を固定した勾配法による学習アルゴリズムを示そう。SVM の学習は最大化問題であることから，勾配の方向へ λ_k の値を更新すればよい。すなわち，勾配法による学習は，$\lambda_k \leftarrow \lambda_k + \eta \Delta \lambda_k$ の形式で行われる。勾配は次式で表せる[†]。

$$\frac{\partial L(\boldsymbol{\lambda})}{\partial \lambda_k} = 1 - t_k \sum_{\ell=1}^{M} \lambda_\ell t_\ell \langle \boldsymbol{x}_k, \boldsymbol{x}_\ell \rangle \tag{7.11}$$

プログラム 7-2 にバイアスを固定した勾配法による学習アルゴリズムを示す。

─────── プログラム **7-2** (勾配法によるハードマージンアルゴリズム) ───────

```
1   double sum_ltxx(Data* d) {
2     int ell;
3     double sum = 0;
4     for (ell = 0; ell < M; ell++) {
5       sum += data[ell].lambda * data[ell].t * kernel(d, &data[ell]);
6     }
7     return sum;
8   }
9
10  void hard_margin() {
11    int k;
12    double sum;
13    for (k = 0; k < M; k++) {
14      sum = sum_ltxx(&data[k]);
15      data[k].lambda += eta * (1.0 - data[k].t * sum); //eta は学習率
16      if (data[k].lambda < 0) { //ハードマージンの制約条件
17        data[k].lambda = 0;
18      }
19    }
20  }
```

hard_margin() 関数内で，sum_ltxx() 関数が呼び出されているが，これは，あるデータ $\boldsymbol{x}$ に対して，$\sum_{\ell=1}^{M} \lambda_\ell t_\ell \langle \boldsymbol{x}, \boldsymbol{x}_\ell \rangle$ を計算する関数である。また，kernel() 関数は Data 構造体で与えられる二つの引数の内積を求める関数である。

つぎに，上記の双対問題では $\boldsymbol{a}$ が算出されるだけであるため，バイアス b の求め方を示す。サポートベクターに対しては式 (7.5) より，$t_k(\langle \boldsymbol{a}, \boldsymbol{x}_k \rangle + b) = 1$ が成

───────────────

[†]　この式の導出については演習問題とした。

り立つ。$t_k \in \{-1, 1\}$ から $1/t_k = t_k$ であることに注意すれば，$b = t_k - \langle \boldsymbol{a}, \boldsymbol{x}_k \rangle$ となる。なお，プログラムでの実装の際には，ラグランジュ乗数が 0 以外のデータはサポートベクターであるので，すべてのサポートベクターの平均を取るなどしてバイアスの値を求める。

最後に，未知のデータ $\boldsymbol{x}$ がどちらのクラスに属するかを判別する式を導出しよう。決定境界 $f(\boldsymbol{x}) = \langle \boldsymbol{a}, \boldsymbol{x} \rangle + b$ に，式 (7.8) の関係を代入すると，つぎのように変形できる。

$$
\begin{aligned}
f(\boldsymbol{x}) &= \left\langle \sum_{k=1}^{M} \lambda_k t_k \boldsymbol{x}_k, \boldsymbol{x} \right\rangle + b \\
&= \sum_{k=1}^{M} \lambda_k t_k \langle \boldsymbol{x}_k, \boldsymbol{x} \rangle + b
\end{aligned}
\tag{7.12}
$$

よって，変数 $\boldsymbol{a}$ を求めずとも式 (7.12) の正負の値からデータ $\boldsymbol{x}$ の属するクラスを判定することができる。プログラム 7-3 にクラス判別のソースコードを示す。

――― プログラム **7-3** (未知データ判別関数) ―――

```
1  double discriminant(Data* d, double b) {
2    return sum_ltxx(d) + b;
3  }
```

discriminant() 関数の第 1 引数に未知データ d を与えたとき，関数の戻り値が負の場合 $t = -1$ のクラス，0 以上の場合 $t = 1$ のクラスと判定できる。

本書では，SVM の学習手法として勾配法による単純なアルゴリズムを示したが，一般的には **SMO** (sequential minimal optimization) などが用いられる。SMO は，二つの乗数 λ_i と λ_j を選択して KKT (Karush-Kuhn-Tucker) 条件を確認し，同条件に違反している場合にラグランジュ乗数の更新を行いつつ，バイアス b も同時に更新するものである。

7.1.2　ソフトマージン最適化

データにノイズが含まれるなどして部分的にデータが混交していると線形分離できない場合がある。このような状況を考慮するならば，分離可能条件を緩

148   7. その他の機械学習アルゴリズム

めたほうが汎化性能が向上する。そこで，適切に分類されないデータを許容す
る最適化を考える。これを**ソフトマージン最適化**という。

ソフトマージン最適化では，マージンの制約に違反できるようにするために，
スラック変数 $\boldsymbol{\xi}$ ($\xi_k \geqq 0$) を導入し，制約条件を $t_k(\langle \boldsymbol{a}, \boldsymbol{x}_k \rangle + b) \geqq 1 - \xi_k$ のよ
うに改める。つまり，左辺の値が 1 未満となるデータを許す，言い換えるなら
マージン内にデータが存在することを許容することとする。ここで，ξ_k が大き
な値を取ると意味をなさない決定境界が得られてしまうため，ξ_k に対して係数
C を用いて制約を与える。マージンをできるだけ広く，かつスラック変数の総
和をできるだけ小さくするような超平面を求めることを目的として，主問題を
つぎのように定式化する。

$$\text{主問題：} \arg\min_{\boldsymbol{a}, b, \boldsymbol{\xi}} \frac{1}{2}\|\boldsymbol{a}\|^2 + C \sum_{k=1}^{M} \xi_k$$

$$\text{制約条件：} t_k(\langle \boldsymbol{a}, \boldsymbol{x}_k \rangle + b) - 1 + \xi_k \geqq 0, \quad \xi_k \geqq 0$$

係数 C は，マージン最大化の項 $\frac{1}{2}\|\boldsymbol{a}\|^2$ とマージン制約の違反を許容する項 $\displaystyle\sum_{k=1}^{M} \xi_k$
とのバランスを取るものである。主問題のラグランジュ関数 $L(\boldsymbol{a}, b, \boldsymbol{\lambda}, \boldsymbol{\gamma}, \boldsymbol{\xi})$ は，
ラグランジュ乗数 $\boldsymbol{\lambda}, \boldsymbol{\gamma}$ を用いてつぎのように与えられる。

$$L(\boldsymbol{a}, b, \boldsymbol{\lambda}, \boldsymbol{\gamma}, \boldsymbol{\xi}) = \frac{1}{2}\|\boldsymbol{a}\|^2 + C \sum_{k=1}^{M} \xi_k - \sum_{k=1}^{M} \lambda_k \big(t_k(\langle \boldsymbol{a}, \boldsymbol{x}_k \rangle + b) - 1 + \xi_k \big)$$

$$- \sum_{k=1}^{M} \gamma_k \xi_k \tag{7.13}$$

ここで，$\partial L(\boldsymbol{a}, b, \boldsymbol{\lambda}, \boldsymbol{\gamma}, \boldsymbol{\xi})/\partial \boldsymbol{a} = \partial L(\boldsymbol{a}, b, \boldsymbol{\lambda}, \boldsymbol{\gamma}, \boldsymbol{\xi})/\partial b = \partial L(\boldsymbol{a}, b, \boldsymbol{\lambda}, \boldsymbol{\gamma}, \boldsymbol{\xi})/\partial \xi_k = 0$ に注意して式変形すると，以下の関係が得られる。

$$L(\boldsymbol{a}, b, \boldsymbol{\lambda}, \boldsymbol{\gamma}, \boldsymbol{\xi}) = -\frac{1}{2}\langle \boldsymbol{a}, \boldsymbol{a} \rangle + \sum_{k=1}^{M} \lambda_k$$

$$\Leftrightarrow \quad L(\boldsymbol{\lambda}) = -\frac{1}{2} \sum_{k=1}^{M} \sum_{\ell=1}^{M} \lambda_k \lambda_\ell t_k t_\ell \langle \boldsymbol{x}_k, \boldsymbol{x}_\ell \rangle + \sum_{k=1}^{M} \lambda_k \tag{7.14}$$

式 (7.14) は，式 (7.10) と同一であるが，$\lambda_k \geqq 0$，$\xi_k \geqq 0$ の条件は，$\partial L(\boldsymbol{a}, b, \boldsymbol{\lambda}, \boldsymbol{\gamma}, \boldsymbol{\xi})/\partial \xi_k = C - \lambda_k - \xi_k = 0$ から ξ_k を消去でき，$0 \leqq \lambda_k \leqq C$ と表せる。以上から，ソフトマージン最適化の双対問題はつぎのように定式化される。

$$\text{双対問題：} \arg \max_{\boldsymbol{\lambda}} L(\boldsymbol{\lambda})$$

$$\text{制約条件：} 0 \leqq \lambda_k \leqq C, \frac{\partial L(\boldsymbol{\lambda})}{\partial b} = \sum_{k=1}^{M} \lambda_k t_k = 0$$

双対問題の制約条件から，ソフトマージン最適化は係数 C の値が無限大のときハードマージン最適化に等しいことがわかる。プログラム 7-4 に勾配法によるソフトマージン最適化のアルゴリズムを示す。

─────── プログラム **7-4** (勾配法によるソフトマージンアルゴリズム) ───────

```
1  #define C 20 //係数
2
3  double soft_margin() {
4    int k;
5    double sum;
6    for (k = 0; k < M; k++) {
7      sum = sum_ltxx(&data[k]);
8      data[k].lambda += eta * (1.0 - data[k].t * sum);  // eta は学習率
9      if (data[k].lambda < 0) {
10       data[k].lambda = 0;
11     } else if (data[k].lambda > C) { //ソフトマージンの制約条件
12       data[k].lambda = C;
13     }
14   }
15   return hinge_loss(bias);
16 }
```

なお，`soft_margin()` 関数の戻り値は，**ヒンジ損失**とした。ヒンジ損失は次式で与えられる。

$$loss = \sum_{k=1}^{M} \max\left(0, 1 - t_k(\langle \boldsymbol{a}, \boldsymbol{x}_k \rangle + b)\right) \tag{7.15}$$

式 (7.15) 中の $\max\left(0, 1 - t_k(\langle \boldsymbol{a}, \boldsymbol{x}_k \rangle + b)\right)$ の値は，主問題の制約条件から，マージンよりも外側の領域にある点については 0，マージン内については正の

150　　**7. その他の機械学習アルゴリズム**

値となることがわかる。したがって，この値の総和が小さいほど正しく分類できているとみなすことができる。ヒンジ損失のプログラム例をプログラム 7-5 に示す。

――――――― プログラム **7-5** (ヒンジ損失を計算する関数) ―――――――

```
1   double hinge_loss(double b) {
2     int k;
3     double loss = 0;
4     for (k = 0; k < M; k++) {
5       loss += fmax(0, 1.0 - data[k].t * (sum_ltxx(&data[k]) + b));
6     }
7     return loss / M; //データ数で除し，平均値を損失とする
8   }
```

7.1.3　SVM の非線形化とカーネルトリック

前項までで示した方法は線形分離手法であるため，得られる決定境界はあくまで超平面となる。言い換えるならば，線形分離できないデータに対してはその精度は著しく低下する。高い分離性能を実現するために，本項では SVM の非線形化手法について説明する。**非線形 SVM** は非線形な決定境界を見つけることができるため，線形分離不可能な問題に対しても良好な解を得ることができる。

まず，非線形の写像関数 $\Phi(\boldsymbol{x})$ を用いて，入力データ $\boldsymbol{x}$ を別の空間 (**特徴空間**という) に写像することを考える。すなわち，最適化問題の目的関数をつぎのように置き換える。

$$L(\boldsymbol{\lambda}) = -\frac{1}{2}\sum_{k=1}^{M}\sum_{\ell=1}^{M}\lambda_k\lambda_\ell t_k t_\ell \langle\Phi(\boldsymbol{x}_k), \Phi(\boldsymbol{x}_\ell)\rangle + \sum_{k=1}^{M}\lambda_k \tag{7.16}$$

入力データは，入力空間内では線形分離できなくとも，特徴空間において線形分離できれば良好な決定境界を得ることができる。**図 7.2** にイメージ図を示す。図 (a) に示す元の入力空間では入力データは線形分離できないが，図 (b) に示す特徴空間で線形分離可能な決定境界を見つけることによって，図 (c) のように入力空間においてもデータを分類することが可能となる。ここで，一般に特徴空間のベクトルの次元数が大きいほど分離性能は高くなるが，膨大な計

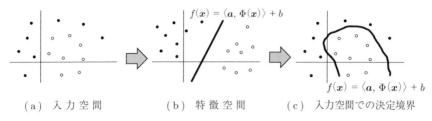

(a) 入力空間　　　(b) 特徴空間　　　(c) 入力空間での決定境界

図 **7.2** 非線形な決定境界のイメージ図

算量が必要となる。一つ簡単な例を挙げる。一次元の入力データ x に対して，$\Phi(x)$ の μ 番目の成分が $\phi_\mu(x) = \sqrt[4]{\dfrac{2}{\sigma^2 \pi}} \exp\left(\dfrac{-(x-\mu)^2}{\sigma^2}\right)$ となる無限次元の写像関数を考えよう。つまり，$\Phi(x) = (\ldots, \phi_{\mu-\Delta\mu}(x), \phi_\mu(x), \phi_{\mu+\Delta\mu}(x), \ldots)$ のような写像である。μ の値は $-\infty$ から $+\infty$ をとり，また，その間隔 $\Delta\mu$ は実数とすることもできる。したがって，$\Phi(x)$ の各成分 $\phi_\mu(x)$ の値は求められるものの，$\Phi(x)$ 全体を計算することはできない。その一方で，二つのデータ $\Phi(x_1), \Phi(x_2)$ の内積については，μ について平方完成したあとにガウス積分[†]による式変形を行うことによって，つぎのように求めることができる。

$$\begin{aligned}
\langle \Phi(x_1), \Phi(x_2) \rangle &= \int_{-\infty}^{\infty} \phi_\mu(x_1) \phi_\mu(x_2) d\mu \\
&= \sqrt{\dfrac{2}{\sigma^2 \pi}} \int_{-\infty}^{\infty} \exp\left(-\dfrac{2}{\sigma^2}\left(\mu - \dfrac{x_1 + x_2}{2}\right)^2 - \dfrac{(x_1 - x_2)^2}{2\sigma^2}\right) d\mu \\
&= \sqrt{\dfrac{2}{\sigma^2 \pi}} \sqrt{\dfrac{\sigma^2 \pi}{2}} \exp\left(-\dfrac{(x_1 - x_2)^2}{2\sigma^2}\right) \\
&= \exp\left(-\dfrac{(x_1 - x_2)^2}{2\sigma^2}\right) \quad\quad (7.17)
\end{aligned}$$

このように，特定の写像関数の内積は，多次元の特徴ベクトル $\Phi(\boldsymbol{x})$ そのものを計算することなく求めることができる。これを**カーネルトリック**と呼ぶ。また，得られた関数を**カーネル関数**と呼び，特に，式 (7.17) を多次元に拡張したものを**ガウスカーネル**と呼ぶ。

[†] $\int_{-\infty}^{\infty} \exp(-a(x-b)^2) dx = \sqrt{\pi/a}$

$$K(\boldsymbol{x}_1, \boldsymbol{x}_2) = \langle \Phi(\boldsymbol{x}_1), \Phi(\boldsymbol{x}_2) \rangle = \exp\left(-\frac{\|\boldsymbol{x}_1 - \boldsymbol{x}_2\|^2}{2\sigma^2}\right) \quad (7.18)$$

プログラム 7-6 にガウスカーネルのソースコードを示す．

──────── プログラム 7-6 (ガウスカーネル) ────────

```
1  #define SIG 0.25 // ガウスカーネルのパラメータ σ
2
3  double kernel(Data* d1, Data* d2) {
4    int i;
5    double e = 0;
6    for (i = 0; i < DIM; i++) {
7      e += (d1->x[i] - d2->x[i]) * (d1->x[i] - d2->x[i]);
8    }
9    return exp(-e / 2.0 / SIG / SIG);
10 }
```

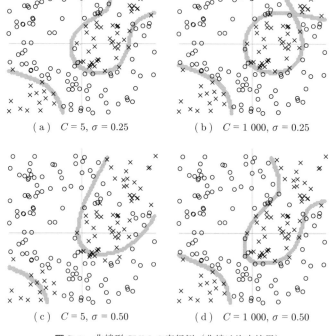

(a) $C = 5, \sigma = 0.25$　　(b) $C = 1\,000, \sigma = 0.25$

(c) $C = 5, \sigma = 0.50$　　(d) $C = 1\,000, \sigma = 0.50$

図 **7.3**　非線形 SVM の実行例（曲線は決定境界）

図 **7.3** に，ガウスカーネルを用いたソフトマージン最適化のプログラム実行例を示す（$b = 0$ で固定）。ガウスカーネルを用いた非線形 SVM では，σ の値が小さいほど 1 点の影響範囲が小さい，すなわち曲率の大きな決定境界が得られる。また，係数 C の値が小さいとマージン制約が緩和されるため，滑らかな決定境界が得られていることがわかる。

7.2   t-SNE

次元削減とは，データの特徴が複数ある場合，その特徴が示す関係性を可能な限り保持したまま特徴数を減らす手法である。例えば，画像や音声といった高次元データは，そのままでは類似関係を把握することは困難である。そこで，高次元データを人が理解できる次元数（おもに 2 次元や 3 次元）まで削減し，データ間の類似関係を把握をすることが行われる。

本節では，次元削減手法の一つである **t-SNE**（t-distributed stochastic neighbor embedding）について述べるが，その前に，t-SNE の原型である **SNE**（stochastic neighbor embedding）について説明する。

7.2.1   SNE

入力データを $\boldsymbol{x}_k$ $(k = 1, \ldots, M)$，次元削減後のデータを $\boldsymbol{y}_k$ とする。点 $\boldsymbol{x}_i$ の近傍点として，点 $\boldsymbol{x}_j$ が選択される確率 $p_{j|i}$ を次式で算出する。

$$
p_{j|i} = \begin{cases} \dfrac{g(\boldsymbol{x}_i, \boldsymbol{x}_j, \sigma_i^2)}{\displaystyle\sum_{k=1, k\neq i}^{M} g(\boldsymbol{x}_i, \boldsymbol{x}_k, \sigma_i^2)} & (i \neq j) \\[2mm] 0 & (i = j) \end{cases}
\tag{7.19}
$$

ただし

$$
g(\boldsymbol{x}_i, \boldsymbol{x}_j, \sigma_i^2) = \exp\left(-\frac{\|\boldsymbol{x}_i - \boldsymbol{x}_j\|^2}{2\sigma_i^2}\right)
\tag{7.20}
$$

$g(\boldsymbol{x}_i, \boldsymbol{x}_j, \sigma_i^2)$ は，$\sqrt{2\pi}\sigma_i$ で除すれば，中心 $\boldsymbol{x}_i$，分散 σ_i^2 とする正規分布（ガウ

154 7. その他の機械学習アルゴリズム

ス分布）の $\boldsymbol{x}_j$ における確率密度といえる。したがって，式 (7.19) は，$\boldsymbol{x}_j$ における確率密度に比例した値となる。なお，$p_{j|i} \neq p_{i|j}$ であることに注意する。ここで，σ_i の値は任意に設定するか，**Perplexity 尺度**を用いて設定する。Perplexity 尺度は次式で与えられる。

$$Perp(P_i) = 2^{H(P_i)} \tag{7.21}$$

ただし，$H(P)$ は情報エントロピーである。一般的には，$Perp$ が 5 から 50 の値となる σ_i が採用される。

つぎに，点 $\boldsymbol{y}_i$ の近傍点として，点 $\boldsymbol{y}_j$ が選択される確率 $q_{j|i}$ を次式で算出する。

$$q_{j|i} = \begin{cases} \dfrac{g(\boldsymbol{y}_i, \boldsymbol{y}_j, 1/2)}{\displaystyle\sum_{k=1, k\neq i}^{M} g(\boldsymbol{y}_i, \boldsymbol{y}_k, 1/2)} & (i \neq j) \\[4mm] 0 & (i = j) \end{cases} \tag{7.22}$$

すなわち，低次元空間の近傍点探索では，正規分布の分母が 1 となるように分散を固定する。

そして，$p_{j|i}$ および $q_{j|i}$ で与えられる確率分布をそれぞれ P_i，Q_i としたとき，二つの確率分布の差異を **KL ダイバージェンス**によって求める。

$$\begin{aligned} KL(P_i \| Q_i) &= H(P_i, Q_i) - H(P_i) \\ &= -\sum_{j=1}^{M} p_{j|i} \log q_{j|i} + \sum_{j=1}^{M} p_{j|i} \log p_{j|i} \end{aligned} \tag{7.23}$$

ただし，$H(P, Q)$ は交差エントロピー，$H(P)$ は情報エントロピーである。

SNE の学習では，KL ダイバージェンスの総和 C を減少させる。言い換えるならば，コスト C が減少する位置に点 $\boldsymbol{y}_n$ を配置し直すことで学習を進める。コスト C は次式で与えられる。

$$C = \sum_{i=1}^{M} KL(P_i \| Q_i)$$

$$= -\sum_{i=1}^{M}\sum_{j=1}^{M} p_{j|i} \log q_{j|i} + \sum_{i=1}^{M}\sum_{j=1}^{M} p_{j|i} \log p_{j|i} \tag{7.24}$$

さて，$\boldsymbol{y}_n$ に対する C の勾配 $\dfrac{\partial C}{\partial \boldsymbol{y}_n}$ を求めてみよう．以降，式の可読性を高めるために，$g(\boldsymbol{y}_i, \boldsymbol{y}_j, 1/2) = G_{ij}$ と表記する。

$$\frac{\partial C}{\partial \boldsymbol{y}_n} = -\frac{\partial}{\partial \boldsymbol{y}_n} \sum_{i=1}^{M}\sum_{j=1}^{M} p_{j|i} \log \frac{G_{ij}}{\sum\limits_{k\neq i}^{M} G_{ik}} + 0$$

$$= -\frac{\partial}{\partial \boldsymbol{y}_n} \sum_{i=1}^{M}\sum_{j=1}^{M} p_{j|i} \log G_{ij} + \frac{\partial}{\partial \boldsymbol{y}_n} \sum_{i=1}^{M}\sum_{j=1}^{M} p_{j|i} \log \sum_{k\neq i}^{M} G_{ik}$$

ここで，第 1 項を C_1，第 2 項を C_2 とする。C_1 については，$i = n$, $j = n$ となる $\boldsymbol{y}_n$ の項を抜き出し，$\dfrac{\partial}{\partial \boldsymbol{y}_n} G_{ni} = -2(\boldsymbol{y}_n - \boldsymbol{y}_i)G_{ni}$ より $\dfrac{\partial}{\partial \boldsymbol{y}_n} \log G_{ni} = \dfrac{1}{G_{ni}}\dfrac{\partial}{\partial \boldsymbol{y}_n} G_{ni} = -2(\boldsymbol{y}_n - \boldsymbol{y}_i)$，および $G_{ni} = G_{in}$ に注意して変形する。

$$\frac{\partial}{\partial \boldsymbol{y}_n} C_1 = -\sum_{j=1}^{M} p_{j|n} \frac{\partial}{\partial \boldsymbol{y}_n} \log G_{nj} - \sum_{i=1}^{M} p_{n|i} \frac{\partial}{\partial \boldsymbol{y}_n} \log G_{in} \quad \text{※} \, i=n, j=n$$

$$= -\sum_{i=1}^{M} \left(p_{i|n} + p_{n|i} \right) \frac{\partial}{\partial \boldsymbol{y}_n} \log G_{ni} \quad \text{※第 1 項の添字 } j \text{ を } i \text{ とする}$$

$$= 2\sum_{i=1}^{M} (\boldsymbol{y}_n - \boldsymbol{y}_i)(p_{i|n} + p_{n|i}) \tag{7.25}$$

C_2 については，C_1 と同様の点に加え，$\sum\limits_{j=1}^{M} p_{j|i} = 1$, $\dfrac{\partial}{\partial \boldsymbol{y}_n} G_{nn} = 0$ であることに注意して変形する。

$$\frac{\partial}{\partial \boldsymbol{y}_n} C_2 = \frac{\partial}{\partial \boldsymbol{y}_n} \sum_{i=1}^{M} \log \sum_{k\neq i}^{M} G_{ik} = \sum_{i=1}^{M} \frac{\partial}{\partial \boldsymbol{y}_n} \log \sum_{k\neq i}^{M} G_{ik}$$

$$= \sum_{i=1}^{M} \frac{1}{\sum\limits_{k\neq i}^{M} G_{ik}} \frac{\partial}{\partial \boldsymbol{y}_n} \sum_{k\neq i}^{M} G_{ik}$$

$$
= \sum_{i=1}^{M} \frac{1}{\sum\limits_{k\neq i}^{M} G_{ik}} \frac{\partial}{\partial \boldsymbol{y}_n} G_{in} + \frac{1}{\sum\limits_{k\neq n}^{M} G_{nk}} \frac{\partial}{\partial \boldsymbol{y}_n} \sum_{k\neq n}^{M} G_{nk} \quad \text{※}\, k = n, i = n
$$

$$
= \sum_{i=1}^{M} \frac{1}{\sum\limits_{k\neq i}^{M} G_{ik}} \frac{\partial}{\partial \boldsymbol{y}_n} G_{in} + \frac{1}{\sum\limits_{k\neq n}^{M} G_{nk}} \frac{\partial}{\partial \boldsymbol{y}_n} \sum_{k=1}^{M} G_{nk} \quad \text{※}\, \frac{\partial G_{nn}}{\partial \boldsymbol{y}_n} = 0
$$

$$
= \sum_{i=1}^{M} \frac{1}{\sum\limits_{k\neq i}^{M} G_{ik}} \frac{\partial}{\partial \boldsymbol{y}_n} G_{in} + \sum_{i=1}^{M} \frac{1}{\sum\limits_{k\neq n}^{M} G_{nk}} \frac{\partial}{\partial \boldsymbol{y}_n} G_{ni} \quad \text{※添字}\, k \,\text{を}\, i \,\text{に}
$$

$$
= \sum_{i=1}^{M} \left(\frac{1}{\sum\limits_{k\neq i}^{M} G_{ik}} + \frac{1}{\sum\limits_{k\neq n}^{M} G_{nk}} \right) \frac{\partial}{\partial \boldsymbol{y}_n} G_{ni}
$$

$$
= \sum_{i=1}^{M} \left(\frac{G_{in}}{\sum\limits_{k\neq i}^{M} G_{ik}} + \frac{G_{ni}}{\sum\limits_{k\neq n}^{M} G_{nk}} \right) \left(-2(\boldsymbol{y}_n - \boldsymbol{y}_i) \right) \quad \text{※}\, G_{ni} = G_{in}
$$

$$
= -2 \sum_{i=1}^{M} (\boldsymbol{y}_n - \boldsymbol{y}_i)(q_{n|i} + q_{i|n}) \tag{7.26}
$$

以上より，C の勾配は次式で表せる。

$$
\frac{\partial C}{\partial \boldsymbol{y}_n} = 2 \sum_{i=1}^{M} (\boldsymbol{y}_n - \boldsymbol{y}_i)(p_{i|n} + p_{n|i} - q_{n|i} - q_{i|n}) \tag{7.27}
$$

したがって，勾配法を用いれば $\boldsymbol{y}_n$ の更新式はつぎのように表せる。

$$
\boldsymbol{y}_n \leftarrow \boldsymbol{y}_n - \eta \frac{\partial C}{\partial \boldsymbol{y}_n} \tag{7.28}
$$

だだし，η は学習率である。

7.2.2　t-SNE

SNE は優れた次元削減アルゴリズムであるが，(1) 近接度を表す確率（$p_{j|i}$，$q_{j|i}$）に対象性がなく，コスト C の算出が複雑である，(2) 高次元空間と低次元空間で同一の分布関数を用いているため，高次元空間で同距離を表せる範囲が

低次元では極端に狭くなる（**混雑問題**という），という問題がある．t-SNE では，(1) の解決のために近接度に対称性をもたせ，(2) の解決のために次元削減後のデータの近接度にガウス分布ではなく，コーシー分布（自由度 1 の **t 分布**）を用いる．t 分布は，正規分布と比較して外れ値の影響を受けづらいという特徴があり，次元削減前後の空間の性質の違いを吸収することが可能である．なお，t 分布を用いていることが t-SNE の名の由来である．

次元削減前のデータについて対称性を保持させるために，$\boldsymbol{x}_i, \boldsymbol{x}_j$ の近接度を次式で定義する．

$$p_{ij} = \frac{p_{j|i} + p_{i|j}}{2M} \tag{7.29}$$

また，次元削減後のデータ $\boldsymbol{y}_i$, $\boldsymbol{y}_j$ の近接度を t 分布によってつぎのように定義する．

$$q_{ij} = \frac{(1 + \|\boldsymbol{y}_i - \boldsymbol{y}_j\|^2)^{-1}}{\displaystyle\sum_{k,\ell=1, k\neq\ell}^{M} (1 + \|\boldsymbol{y}_k - \boldsymbol{y}_\ell\|^2)^{-1}} \tag{7.30}$$

以上の条件をもとに，C の勾配を算出すると，次式のとおりとなる[†]．

$$\frac{\partial C}{\partial \boldsymbol{y}_n} = 4 \sum_{i=1}^{M} \frac{(\boldsymbol{y}_n - \boldsymbol{y}_i)(p_{ni} - q_{ni})}{1 + \|\boldsymbol{y}_n - \boldsymbol{y}_i\|^2} \tag{7.31}$$

図 7.4 に t-SNE の学習アルゴリズムを示す．同アルゴリズムでは，慣性項を用いた学習を導入している．したがって，学習率 η の他に慣性項の学習率 ε を用いている．なお，$T = 1\,000$ 程度の学習の場合，$\eta = 100$, $\varepsilon = 0.5\ (t < 250), 0.8$ $(t \geq 250)$ のような値が用いられる．

t-SNE は，$\boldsymbol{y}_i$ の初期値や Perplexity 尺度の設定によって結果が変わることがあるため，異なる条件で複数回実行し，最も安定した結果を選択することが望ましい．また，大規模なデータセットに対しては計算コストが高いことに加え，学習に用いていない未知のデータを次元削減後の空間にプロットできないことにも注意する．未知のデータをプロットしたい場合には，kernel t-SNE や UMAP 等を用いる必要がある．

[†] 具体的な算出方法は，論文 8) を参照されたい．

158 7. その他の機械学習アルゴリズム

1: $Y(0) \leftarrow \{0\}$
2: $Y(1) = \{\boldsymbol{y}_i | i = 1, \dots, M\}$ を平均 0, 分散 10^{-4} の正規分布で初期化
3: Perplexity 尺度を用いて σ_i を決定し, $p_{j|i}$ を算出
4: $p_{ij} \leftarrow (p_{j|i} + p_{i|j})/(2M)$
5: **for** $t = 1$ **to** $T - 1$ **do**
6:　q_{ij} を算出
7:　勾配 $\dfrac{\partial C}{\partial Y}$ を算出
8:　$Y(t + 1) = Y(t) - \eta \dfrac{\partial C}{\partial Y} + \varepsilon \left(Y(t) - Y(t - 1) \right)$
9: **end for**
10: **return** $Y(T)$

図 **7.4**　t-SNE の学習アルゴリズム

演 習 問 題

【 1 】 2 点のデータ $\{\boldsymbol{x}, t\} = \{\{(0, 1), -1\}, \{(2, 2), 1\}\}$ が与えられたとする。
　（ 1 ） ハードマージンの双対問題の式を使って, λ_k を求めよ。
　（ 2 ） $\boldsymbol{a}$, b の値を求めよ。
　（ 3 ） $\boldsymbol{x} = (1, 1)$ はどちらのクラスに分類されるか。
　　・　$f(\boldsymbol{x}) = \langle \boldsymbol{a}, \boldsymbol{x} \rangle + b$ の関係から判別せよ
　　・　式 (7.12) の関係から判別せよ

【 2 】 式 (7.11) が正しいことを確認せよ。λ_1 について確認すると比較的容易に確認できる。

【 3 】 式 (7.13) のラグランジュ関数 $L(\boldsymbol{a}, b, \boldsymbol{\lambda}, \boldsymbol{\gamma}, \boldsymbol{\xi})$ から式 (7.14) のラグランジュ関数 $L(\boldsymbol{\lambda})$ を導出せよ。

【 4 】 $[-0.5, 0.5] \in R^2$ の範囲において, 反比例曲線 $y = 1/(16x)$ と円 $(x - 0.15)^2 + y^2 = 0.2^2$ で区切られた領域のクラス分類を考える（図 4.11 参照）。このクラス分類問題を勾配法によって学習するソフトマージン最適化のプログラムを作成せよ。バイアスは $b = 0$ とし, カーネル関数にはガウスカーネルを用いること。

= 第III部 知 識 表 現 =

8 知 識 表 現

　人間の思考をコンピュータシステム上に再現しようとするとき，人間の知識をモデル化する必要がある．このモデル化する手法を**知識表現**（knowledge representation, **KR**）と呼ぶ．知識表現の方法には，人工知能により実現する知的行動の種類によって，これまでに数多くの形式が提案されている．

　本章では代表的な知識表現の技法について述べる他，これらの技法における推論の実際について説明する．またこれらの知識表現をインターネットにおいて行うための基礎知識として，マークアップ言語やメタ言語の基礎についても述べる．

8.1 知識とその表現

　初期の人工知能研究においては，問題解決の探索や推論を中心とした研究が進められた．1970年代に入り，人工知能システムの中にあらかじめ「知識」を取り入れ，専門的な処理を実行する人工知能システムの開発が盛んになった（図**8.1**）．ここでいう「知識」とは，推論などで用いるための基礎となるデータの集合のことをいう．

　人工知能における知識表現を大きく分類すると，**宣言的知識**（declarative

160   8. 知識表現

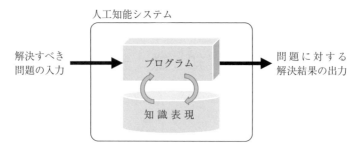

図 8.1　人工知能システムと知識表現

knowledge）と**手続き的知識**（procedual knowledge）とに大別される。

- <u>宣言的知識</u>：文章で記述できるような知識であり，「A は B である」，「A ならば B である」などの形で表現される。
- <u>手続き的知識</u>：問題解決の手続きを記述した知識であり，ノウハウなどとも呼ばれる。

また人工知能の分野においては，知識の種類を性質から見て分類することもある。例えば常識に対する専門知識として，**暗黙知**（tactit knowledge）と**形式知**（explicit knowledge）がある。

- <u>暗黙知</u>：主観的であり，言語化することが難しい知識。形式知の背後に存在する知識として位置づけられる。言語化が困難なため，暗黙知を人工知能システムで利用する手法の開発は現在も大きな課題となっている。
- <u>形式知</u>：文章や図・数式など明示的に表現できる知識。特定の状態における問題解決手法の知識としてとらえることも可能であり，手続き的知識による表現が容易である。

8.2　知識表現技法

本節では，代表的な知識表現として，フレーム，意味ネットワーク，スクリプト，プロダクションルールについて説明する。それぞれの特徴を以下に示す。

- <u>フレーム</u>：属性をもつ事物を知識として表現する。

8.2 知識表現技法 *161*

- 意味ネットワーク：事物の関係を知識として属性付きのネットワークで表現する。
- プロダクションルール：事物の因果関係を知識とし，IF–THEN の形式によって表現する。
- スクリプト：時間的な順序を知識として表現する。

8.2.1 フ レ ー ム

フレーム（frame）は 1975 年にミンスキー（Minsky）により提唱された宣言的知識に関する知識表現である。

フレームは事物を表す枠組みとして，事物の名称，事物がもつ属性，そしてその属性の値によって構成される。ある事物の上位概念は，is–a 関係，または AKO（a kid of）関係として表現される。

フレームは以下の構造をもつ。

- **スロット**（slot）：事象の属性とその値を格納する場所
- **サーバント**（servant）：スロットに格納された明示的に起動する手続き
- **デーモン**（daemon）：フレームへのアクセス時に自動的に起動される手続き

スロットの名称のことを**スロット名**と呼び，またその値に相当する部分を**スロット値**という。またスロット値は**ファセット**という部分構造をもつ。なおファセットも**ファセット名**と**ファセット値**の組で記述される。ファセット名には以下のとおりファセット値がとる値に関するさまざまな情報が記述される。

- value：属性値
- default：初期値として指定しない場合の値
- スロットに入る値に関する制約の記述

またデーモンは，そこで指定された条件が満たされるとさまざまな手続きが自動的に起動される。デーモンが実行する手続きは例えば以下のとおりである。

- `if_needed`：スロット値を求めるときに起動される。
- `if_added`：スロット値が定まったときに起動される。

162　　8.　知　識　表　現

- `if_removed`：スロット値が削除されたときに起動される。
- `if_modified`：スロット値が変更されたときに起動される。

なお，フレームの階層化をするにあたっては，以下の 2 種類のフレームが存在する。

- クラスフレーム（class frame）：抽象化された性質を表すフレーム
- インスタンスフレーム（instance frame）：具体的な値が格納されたフレーム

図 8.2 はフレームによる動物を題材とした例である。上の二つはクラスフレーム，下の一つがインスタンスフレームである。有袋類クラスフレームを例にとると，五つ（5 行）のスロットが存在し，一つ目のスロットである「is–a」スロットには，ファセット名として「value」が格納され，そのファセット値は「動物」であることがわかる。また「体重」スロットには他のクラスやインスタンスから起動される「getWeight」デーモンが記述されている。なお，自動的に起動されるサーバントはこのフレームでは定義されていない。上位概念がもつ属性は，例外を指定しないかぎり暗黙的に下位概念に継承される。例えば「アカカ

有袋類	クラス	
is–a	value	動物
has–a	default	足
	default	育児嚢
足の数	default	4
体重	if–needed	getWeight

アカカンガルー	クラス	
is–a	value	有袋類
体色	default	赤褐色

イッチ	インスタンス	
is–a	value	アカカンガルー
has–a	default	しっぽ
親	default	キララ
嫁	default	もずく
誕生日	value	2009.8.13
	if–needed	getAge

図 **8.2**　フレームの例

ンガルー」には「育児嚢」があるが，その記述は「アカカンガルー」フレームには記述されていない。しかし上位概念である「有袋類」クラスに「has-a」によって「育児嚢」があることにより，「アカカンガルーにも育児嚢がある」ことが暗黙的に示されることになる。

最後に，人工知能分野において，「フレーム問題」という重要な難問がある。これは，有限の情報処理能力しかないロボットに，現実に起こりうるすべての問題を対処させることが困難であることを示すものである。人工知能の世界においてはこの問題を回避するために，あらかじめ人工知能が扱う状況を限定して，有限の空間の中で推論することが一般的である。

8.2.2 意味ネットワーク

意味ネットワーク（semantic network）は，知識や言語の意味を人間の直観に即して効率的に表現するためのものであり，コリンズ（Collins）とキリアン（Quillian）によって1969年に提案された。概念を表すノード（node）と，概念間の関係を表すリンク（link）で構成され，**ラベル付き有向グラフ**（labeled directed graph）によって表現することができる。図 8.3 は意味ネットワークの基本構造である。

図 8.3 意味ネットワークの基本構造

概念は属性の情報をもち，属性はその具体的な値をもつことで，概念が実体として存在する。また概念は階層構造によって体系化され，階層構造の下で上位概念の属性が下位概念に継承されることにより，複雑な知識表現が可能になる。

この基本構造を基に，例として動物とその性質を表現したものが図 8.4 である。

図 8.4 では「動物」を起点として，「哺乳類」と「鳥類」についての記述がなされている。「哺乳類」は「授乳する」（do）性質をもち，また「鳥類」は「空を

164   8. 知　識　表　現

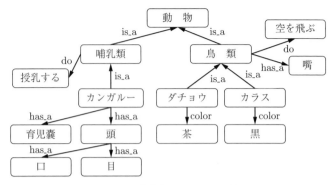

図 8.4　意味ネットワークの例

飛ぶ」(do) 性質と「嘴」をもつ (has-a) 性質を有する。「哺乳類」の例として (is-a)「カンガルー」が記述されており,「カンガルー」には「育児嚢」と「頭」がある (has-a) ことが示され, その頭には「目」と「口」がある (has-a)。また,「鳥類」の例として「ダチョウ」と「カラス」が示されており (is-a), その体毛の色 (color) はそれぞれ「茶」と「黒」であることがわかる。

意味ネットワークを用いた概念の記述にあたっては, 以下に示す**階層構造** (hierarchy) と**構造的性質** (structural property) についての理解が必要となる。

- 階層構造
    - `is_a`：上位と下位の関係を表現し, 上位概念のもつ性質は下位概念に継承される。このことを**性質の継承** (inheritance of properties) という。例えば, 図 8.4 において「哺乳類」は「カンガルー」の上位概念であり, 継承によって「カンガルー」は「哺乳類」の性質をもつ。このことから「カンガルー」は「授乳する」という性質をもつ。
    - `has_a`：部分と全体の関係を表現し, 概念を構成する要素とその概念との関係を表す。なお, 性質の継承はされない。例えば, 図 8.4 において,「鳥類」は「嘴」を有し,「カンガルー」は「育児嚢」を有する。

- 構造的性質
    - **性質属性**：例えば図 8.4 において「ダチョウ」の概念を示す際に，「ダチョウ」のもつ性質として，体毛の色（color）などがある．
    - **定義属性**：概念を説明する上で必然的にもつ属性のことを定義属性という．例えば図 8.4 において「カラス」の体毛の色（color）はほとんどの場合「黒」であるが，自然界には「白」や「茶」のカラスもわずかに存在する．この場合，あらかじめ体毛の色を「黒」として属性の値を与えておくことができる．この値を**デフォルト値**（default value）という．

8.2.3 プロダクションルール

プロダクションルール（production rule）は，人間の長期記憶をモデル化した知識表現であり，「もし〜ならば〜である」というルールを積み重ねて知識を表現するものである．またプロダクションルールを用いてシステム化された機構のことを**プロダクションシステム**（production system）という．図 **8.5** にプロダクションシステムの構成を示す．プロダクションシステムは大きく，プロダクションルールの集合である**ルールベース**（rule base）と，ユーザから与えられた質問やユーザへの回答を一時的に保存しておく**作業域**（working memory），

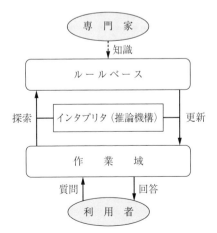

図 **8.5** プロダクションシステムの構成

166   8. 知　識　表　現

インタプリタ（interpreter）で構成される。インタプリタは**推論機構**とも呼ばれ，次節にて詳しく述べることとし，ここではルールベースと作業域について述べる。

（**1**）　**ルールベース**　　プロダクションルールの集合から成り立っており，一般的にはプログラミング言語の if 文のように表現される。

$$\text{if (前件)}\quad \text{then (後件)}$$

前件には前提となる条件を記述し，後件には前件を満たす場合の結論を記述する。これにより「もし前件を満たすならば後件である」を意味する。

以下はプロダクションルールによって表現した知識の例である。

$$\text{if (空を飛べない動物)}\qquad \textbf{then }\text{(檻は屋根なし)} \tag{8.1}$$

$$\text{if (空を飛べる動物)}\qquad \textbf{then }\text{(檻は屋根あり)} \tag{8.2}$$

$$\text{if (檻は屋根なし)}\qquad \textbf{then }\text{(木の柵で囲う)} \tag{8.3}$$

$$\text{if (檻は屋根あり)}\qquad \textbf{then }\text{(箱型の檻を使う)} \tag{8.4}$$

上記の例において，知識の利用者はまず初期条件として，動物が空を飛べるかどうかを問い合わせたとする。もしその動物が空を飛べる場合には，ルール (8.2) の条件に合致する。このルールの結論は「檻は屋根あり」にする必要があり，これを基にすべての条件を探索する。すると，ルール (8.4) の条件が合致し，その結論として「箱型の檻を使う」ことが示される。

（**2**）　**作　業　域**　　作業域上で表現される問題のことを，**事実**（fact）という。事実の記述方法として OAV 形式などが知られている。OAV 形式では，データに**オブジェクト**（object），**属性**（attribute），**属性値**（value）の 3 種類のデータが含まれる。

以下は OAV 形式で表現された事実の一般形である。

$$\text{(オブジェクト　属性 1：属性値 1　}\cdots\text{　属性 }n\text{：属性値 }n\text{)}$$

また以下に上記一般形の具体例を示す。

(動物園　種別：観光施設　名称：須坂市動物園　場所：長野県須坂市)

上記は，記述対象を「動物園」とし，その種別として「観光施設」，名称として「須坂市動物園」，場所は「長野県須坂市」であることがわかる．

8.2.4　スクリプト

スクリプト (script) は1977年にシャンクとエイベルソン (Shank and Abelson) によって考案された手続き的知識に関する知識表現である．特定の場面において人間が想起する一連の手続きを表現することで，われわれは明示されている事実と，明示されていない部分でなにが起きたかをわれわれ自身で補完することができる．

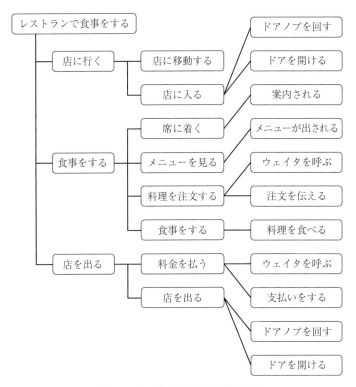

図 8.6　レストランスクリプトの例

168   8. 知 識 表 現

スクリプトの事例としてよく取り上げられるのが，レストランスクリプトである。スクリプトには，レストランに入り，メニューを見て食べたい料理を注文し，食事をする。その後代金を支払ってレストランを出る，という一連の流れを記述する。

図 **8.6** にレストランスクリプトの一例を示す。

スクリプトは上記以外でも特定の過程をさらに細かく記述することや，例えば代金の支払いを前払いにするか後払いにするかなど，条件分岐により記述することもできる。

8.3   推   論

推論（inference, reasoning）とは，与えられた知識や既存の知識を利用し，新たな知識を得る仕組みのことをいう。前節における知識表現を用いて事実やルールを表現し，本節における「推論」とはこれらの与えられた知識から新たな知識を得る仕組みをいう。推論は知識表現のみでなく，学習や自然言語処理など，人工知能分野の他の多くの技術と密接に関係している。

ここでは前述した知識表現の技法である，フレーム，意味ネットワーク，プロダクションシステム，そしてスクリプトを用いた推論について述べる。

8.3.1   フレームシステムにおける推論の事例

フレームによる推論の実装にあたっては，推論機構としてフレームインタプリタを設計する必要がある。この**インタプリタ**の役割は，メッセージ伝達の他，属性継承の管理，デーモンの駆動などである。

またフレームシステムを用いた推論システム構築の利点としては

- 階層表現や属性継承ができる
- 知識の構造化が可能
- 手続きの付加による柔軟な推論が可能

であるとされ，また欠点としては

8.3 推 論 169

- インタプリタの構築が容易でない
- 推論の妥当性が保証されない
- 知識間の整合性をとることが難しい

などが挙げられる。

フレームシステムを用いた推論の具体的事例について，**図 8.7**（図 8.2 再掲）と共に以下の例を挙げる。

有袋類	クラス	
is–a	value	動物
has–a	default	足
	default	育児嚢
足の数	default	4
体重	if–needed	getWeight

アカカンガルー　クラス		
is–a	value	有袋類
体色	default	赤褐色

イッチ	インスタンス	
is–a	value	アカカンガルー
has–a	default	しっぽ
親	default	キララ
嫁	default	もずく
誕生日	value	2009.8.13
	if–needed	getAge

図 **8.7**　フレームシステムを用いた推論（図 8.2 再掲）

- デーモンの起動による推論：例えば「イッチ」フレームの"誕生日"スロットのファセット値が書き換えられた際，デーモンの起動により年齢を計算する getAge が実行される。
- 属性継承による推論：「アカカンガルーには育児嚢があるか？」という質問に対して，「アカカンガルー」フレームを参照するとその記述がない。そこで，上位フレームである「有袋類」フレームを探索することで，"育児嚢"をもっている（has–a）ことが確認できるため，「アカカンガルーは育児嚢をもっている」と答えることができる。また，「イッチの体色は？」という質問に対しても，上位フレームの「アカカンガルー」フレー

170　　8. 知　識　表　現

ムの「体色」から「イッチの体色は赤褐色である」と答えることができ
る。このような動作を**属性継承**と呼ぶ。

- 上位概念とデーモンの組合せによる推論：例えば「イッチの体重は？」と
  いう質問があった際に，上位概念の「有袋類」フレームの「体重」スロッ
  トのデーモン getWeight を実行することで，体重を求めることができる。

8.3.2　意味ネットワークによる推論の事例

意味ネットワークにおける推論においては，主に以下の方法がある。

- 直接照合による推論：直接照合による推論では，対象となる意味ネット
  ワークに対して質問と照合する意味ネットワークを，知識ベースの中か
  ら検索して解を得る。質問内容を表す意味ネットワークと対象となる意
  味ネットワークを比較し，欠如している情報を抽出する。

- 間接照合による推論：間接照合による推論では，与えられた事実と推論
  規則形式の意味ネットワークを用いて新たな事実を導き出す方式である。

- 概念の階層関係を利用した推論：

  - **継承**（inheritance）：例えば，「カンガルーは哺乳類か？」という
    質問があったとき，is–a 関係をたどることで，「有袋類」概念の上
    位概念として「哺乳類」を見つけることにより，「カンガルーは哺
    乳類である」という答えを導くことができる。また，「カンガルー
    は育児嚢をもっているか？」という質問に対しても，「有袋類」が
    上位概念であることが判別できると，その性質の継承により「カ
    ンガルーには育児嚢がある」と答えることができる。

  - **多重継承**（multiple inheritance）：多重継承は，複数の上位概念か
    ら一つの概念に性質の継承が行われることをいう。ただし，継承
    の過程において矛盾する性質が上位概念から継承される可能性が
    あり得る。このため，あらかじめ継承における制約や概念の階層
    関係について，矛盾を生じさせないような工夫をすることが必要
    となる。

                                        8.3 推　　　　　論　　　*171*

　　− **例外**（exception）：例えば「ダチョウ」は鳥であるが空を飛ぶこ
　　　とができない。一方で，意味ネットワークで「ダチョウは空を飛
　　　べるか？」という質問をして性質の継承を行うと，「ダチョウは鳥
　　　である」ことと「鳥は空を飛ぶことができる」という性質の継承
　　　から，結論として「ダチョウは空を飛ぶことができる」という解
　　　を導くことになる。したがって，この問題を回避するために，「ダ
　　　チョウ」の概念に上位概念である「鳥」概念からの性質の継承に
　　　おいて例外を記述することで，「ダチョウは空を飛ぶことができな
　　　い」との解に導くことができるようになる。この手続きを**例外処**
　　　理（exception handling）という。

8.3.3　プロダクションシステムによる推論の事例

前節でも示したように，プロダクションシステムの構成は以下の三つの部分
からなる。

- ルールベース：知識ベースとしてプロダクションルールを格納する。
- インタプリタ（推論機構）：プロダクションルールの条件から事実の帰結
  部を実行し，事実の更新を行いつつ推論する。
- 作業域：事実や推論の途中結果を格納する。

　推論機構の仕組みは，① **条件照合**（matching），② **競合解消**（conflict reso-
lution），③ **行動**（action），の三つの過程を繰り返すことで最終的な結論を作
業域に記録する。

　①の条件照合は，作業域内の事実とルールベースにあるプロダクションルー
ルの条件部のデータ形式を照合し，事実とルールの条件部が一致したルールを
選び出す作業のことをいう。

　②の競合解消は，条件が一致する複数のプロダクションルールがある場合に，
実行する内容を一つだけ選ぶことを表し，以下の方法などにより選択される。

- **最新優先**（recency）：最近アクセスされた事実と一致するものを選択
- **詳述優先**（specificity）：最も複雑な条件をもつものを選択

172　　8. 知 識 表 現

- **ルール優先順位**（rule priority）：ルールに重みづけを行い，優先順位の高いものを選択
- **ファーストマッチ**（first match）：最初に見つかったルールを選択
- **適用制限**（rule application limitation）：無限ループの発生を防ぐため，以前に選択されたルールの使用を制限

③ の行動では，② において選択されたルールの行動部を実行する。この実行のことを**発火**（fire）するという。

またプロダクションルールを用いた推論においては，推論の方向についても複数の考え方が存在する。

- **前向き推論**（forward reasoning）：特定の事実に対してプロダクションルールを適用し，その結果に対してさらにプロダクションルールを繰り返し適用しながら，最終的な結論を導く方式。**データ駆動型推論**（data–driven reasoning）ともいう。
- **後ろ向き推論**（backward reasoning）：仮説を基に，プロダクションルールを逆向きに推論することで，必要な条件が満たされているかを立証できるかどうかを導く方式。**目標駆動型推論**（goal–driven reasoning）ともいう。
- **双方向推論**（bidirectional reasoning）：仮説の絞り込みを行うために前向き推論を用い，その仮説の検証に後ろ向き推論を用いることで，両方の特性を生かす方法である。

8.3.4　スクリプトによる推論の事例

スクリプトによる記述では，時間的経過を含む順序に関する情報や，明示されていない部分でなにが起きたかをわれわれ自身が暗黙的に補完することができるため，実際の推論を行う際にはスクリプトとの照合によって推論を展開することが可能となる。

以下は前節における図 8.6 を知識として構築した会話プログラムの実行例である。

8.4 マークアップ言語とメタ言語　　*173*

┌─ スクリプトを用いた推論と会話 ──────────────────

コンピュータ：レストランに行ってきたのですか？

利用者：はい，行ってきました。

コンピュータ：レストランにはウェイターがいましたか？

利用者：はい，いました。

コンピュータ：料理はどのように選びましたか？

利用者：メニューから選びました。

コンピュータ：料理はどうでしたか？

利用者：とても美味しかったです。

コンピュータ：支払いはどうされましたか？

利用者：現金で支払いました。

└─────────────────────────────────────

以上のように，スクリプトの活用にあたっては人間がもつ記憶と似た性質がある。われわれは「レストランに行く」ということを聞いたとしても，その時間的経過の詳細まで細かく思い浮かべることはしない。しかし詳細を深く考えると，その答えを思い浮かべることはできる。スクリプトはこのような記憶の性質に似せて設計された知識表現形式であるといえる。

8.4　マークアップ言語とメタ言語

知識表現をコンピュータ上で記述するにあたり，従来は Prolog などのコンピュータ言語を用いて記述されてきた。一方で近年はインターネットを代表とするネットワーク上の膨大な情報から知識を得るなどの必要性が高まっている。ここでは，インターネット上の情報記述の基礎として，マークアップ言語とメタ言語について述べる。

マークアップ言語は，文書に「タグ」と呼ばれる特殊な表記方法を用いて，文書内の特定の文字に意味をもたせたり，文書そのものの構造を表現することのできる言語をいう。マークアップ言語は，要素の基本となる複数個の記号とそれらを結び付ける文法によって形式的に記述されることから，われわれが普段読んだり書いたりする言語を自然言語と呼ぶのに対して，形式言語と呼ばれる

174　　8. 知　識　表　現

もののうちの一つである。

マークアップ言語には Web ページ作成で活用される HTML 言語の他に，一例として以下のようなものがあり，さまざまな分野と用途にわたり活用されているといえる。

- **VRML**（virtual reality modeling language）：Web 上で 3 次元グラフィックスを表現するための言語。3 次元物体の構造を記述したり，物体の表面にテクスチャと呼ばれる画像を張り付けて表現することが可能。

- **SVG**（scalable vector graphics）：XML によって書かれている 2 次元ベクトルイメージ用画像形式。ベクトル形式で画像の内容が記述されているため，拡大縮小しても品質を維持した状態で表現できる。

- **TeX**：印刷分野において組版処理を行うためのソフトウェアおよびそのための文法をいう。複雑な数式や特殊な記号などを表現することが可能。

一方のメタ言語については，マークアップ言語がタグを使って意味づけをするという特徴を示しているのに対して，具体的な文書そのものを記述するための言語ではなく，文書を記述するためのルールを記述可能な言語のことをいう。マークアップ言語によって意味づけられた文書は特定のルールに基づいて意味づけられているが，メタ言語ではその意味そのものを定義することから始まる。また，メタ言語によって記述されたデータを特にメタデータ（meta data）といい，データそのものではなく，データに関する事項を記したデータのことをいう。

World Wide Web が登場し，HTML などのマークアップ言語によって Web ブラウザを介して多くのデータにアクセスできるようになった現在，われわれはデータを静的に閲覧するだけでなく，アプリケーションを介して動的に閲覧できるようになり，多くのサービスを受けられるまでになった。

これらのアプリケーションがより大規模なネットワークで活用されるようになったとき，データはアプリケーションと利用者との間のやり取りだけでなく，アプリケーション同士でもやり取りされる必要が生まれる。人間がデータを理解する場合には，知識と経験に基づく推測などにより正確ではなくともおおよそ

の理解ができるかもしれないが，コンピュータの場合はそうはいかない．データそのものがもつ意味を明示的に示す必要がある．このように，アプリケーション間でやり取りされるデータの表現をどのようにすべきかというルールを定める取り決めをする必要があり，このときメタ言語が活用される．

図 8.8 に代表的なマークアップ言語として知られる HTML と，メタ言語の代表例として著名な XML の発展の歴史を示す．

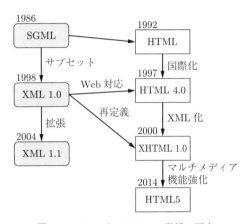

図 8.8　XML と HTML の発展の歴史

このように，マークアップ言語とメタ言語とは相互に密接に発展してきたことがわかる．以下では，マークアップ言語とメタ言語の代表として，それぞれ HTML と XML の概要について述べる．

8.4.1　HTML

HTML（hypertext markup language）は，Web 上の文書を記述するための言語であり，マークアップ言語である．Web ページを記述するための仕様として 1992 年に仕様が策定され，その後のバージョンアップや XML などのメタ言語の影響を受けて現在の HTML5 に引き継がれている．

プログラム 8-1 のコードは HTML5 のごく基本的な文書を記述したものであり，図 8.9 はこのコードを Web ブラウザにより表示した結果である．

176   8. 知 識 表 現

―――― プログラム 8-1 (マークアップ言語：HTML5 の例) ――――
```
1  <!DOCTYPE html>
2  <html>
3    <head>
4      <meta charset="UTF-8" />
5      <title>ウェブサイトのタイトル</title>
6    </head>
7    <body>
8      <p>HTML5 によるウェブページ作成</p>
9    </body>
10 </html>
```

図 8.9 Web ブラウザによる表示例

1 行目「<!DOCTYPE html>」はこの文書が HTML5 であることを示し，これを DOCTYPE 宣言という．2 行目から 10 行目は「<html>～<html>」の記述によりこの文書全体が HTML 文書であることを示している．

HTML5 については以降でもう少し詳しく説明するが，上記の説明を言い換えると，図 8.9 のように Web ブラウザ上に「HTML5 による Web ページ作成」を表示したい場合，プログラム 8-1 のように HTML5 によるタグ付き文書を作成する必要がある．このようにして，Web サイト作成者はページを作成する際にブラウザ内でどのように表現されるかをイメージしながら，必要に応じてタグを使い分け記述することが求められる．このため Web ページ作成者には，数多くあるタグの種類や使い方についての十分な知識が求められる．

ここで，HTML 文書における基本的なタグの記述ルールについて説明する．

8.4 マークアップ言語とメタ言語　　177

―― HTML 文書におけるタグ記述 ――――――――――――

  `<タグ名>` 文書 `</タグ名>`

HTML5 などの HTML 言語において，タグは「タグ名」を`<>`で囲うことで表現する。またタグによって文章の一部に意味づけをする際には，最初に出て来る開始タグとして`<タグ名>`と記述し，それに対応する終了タグとして`</タグ名>`のようにタグ名の最初に「/」を記述する。開始タグと終了タグはセットで用いなければならない。なお以下のように，例外的に開始タグと終了タグを同時に記述する方法もある。この場合，終了タグの最後の「>」の前に「/」を記述する。

―― 開始タグと終了タグを同時に記述する例 ――――――――

  `<meta charset="UTF-8" />`

また，タグのセットの中に別のタグのセットを記述することができ，これを**入れ子構造**という。

―― 入れ子構造の例 ――――――――――――――――――

  `<body>`
    `<p>HTML5 によるウェブページ作成</p>`
  `</body>`

また，`<title>`タグで記述された「ウェブサイトのタイトル」は Web ブラウザに解釈された後，ブラウザのタイトルバーに「ウェブサイトのタイトル」と表示される。`<title>`タグは直接ブラウザ内で表示されない文書のヘッダ情報「`<head>`〜`</head>`」の一つであることがわかる。さらに，`<body>`タグすなわち「本文」として，「HTML5 によるウェブページ作成」が Web ブラウザ上に表示される。なお，この文自体も`<p>`タグにより囲われているため，文が一つの段落であることが記述されている。

8.4.2 XML

XML (extensible markup language) は，HTML 同様にマークアップ言語であり，またメタ言語でもある。もともとは，特定のソフトウェアやデータの形式に依存しない文書の電子化や管理を目的として考案された **SGML** (standard generalized markup language) が原型となっており，この SGML の簡略化や改善の要求から，メタ言語としての XML が考案された。

以上のことから，HTML が Web ページを記述するための言語であるのに対し，XML では文字どおり「拡張可能なマークアップ言語」であり，データの作成者は自由にタグの取り決めを定義することができる。

XML をわかりやすく理解するための一例としてプログラム 8-2 の文書を挙げる。タグの内容は HTML にはないが，開始タグや終了タグのセットや入れ子構造にできる点など，HTML をはじめ他のマークアップ言語による記述とほぼ同様である。

――――――――――― プログラム **8-2** (名簿の XML 文書) ―――――――――――

```
1  <?xml version="1.0" encoding="UTF-8">
2  <名簿>
3    <学生>
4      <氏名>須坂太郎</氏名>
5      <学籍番号>1</学籍番号>
6    </学生>
7  </名簿>
```

上記を Web ブラウザで読み込むと図 **8.10** のように表示される。

Web ブラウザは HTML のタグを解釈して適切にページを表示するのに対し，XML 文書を読み込んだ場合にはブラウザは XML のタグを解釈できないため，元の XML 文書はほぼそのまま表示される。

1 行目は文書が XML で記述されていることを表している。詳しく見ると，オプションの version により 1.0 すなわち XML 1.0 で記述することを示しており，また encoding により，この文書の文字コードを UTF-8 で記述することが指定されている。

8.4 マークアップ言語とメタ言語

図 8.10　Web ブラウザによる XML 文書の表示例

　前者の XML のバージョンについては本書では詳しく触れないが，現在 1.0 と 1.1 が存在する。また文字コードについては公式には UTF-8 や UTF-16 の仕様が推奨されているが，従来の日本語を扱う文字コードである Shift-JIS や EUC-JP などを利用することも可能である。

　上記の XML 文書では名簿の中に個人があり，その個人に関する属性を氏名と学籍番号で表現しているが，2 人以上の個人を表現したり個人の属性を増やす場合，プログラム 8-3 のように容易に記述することが可能である。

───── プログラム 8-3 (名簿の XML 文書) ─────
```
1  <?xml version="1.0" encoding="UTF-8">
2  <名簿>
3    <学生>
4      <氏名>須坂太郎</氏名>
5      <学籍番号>1</学籍番号>
6    </学生>
7    <学生>
8      <氏名>中野次郎</氏名>
9      <学籍番号>2</学籍番号>
10   </学生>
11   <学生>
12     <氏名>小布施花子</氏名>
13     <学籍番号>3</学籍番号>
14   </学生>
15 </名簿>
```

　以上のように，XML を用いることでさまざまな知識をネットワーク上に記

180 　　8. 知　識　表　現

述し活用することが可能になるが，これらの知識をより複雑に記述し，また活用するための具体的方法については，次章の「セマンティック Web 技術」にて述べることとする。

8.5　知識表現とその活用

本節では，人工知能分野における知識の表現方法について，その複数の具体的手法を，事例を交えつつ述べてきた。

フレームや意味ネットワーク，プロダクションルール，スクリプトなどの知識表現技法は，現在も積極的に活用されており，多様な分野における活用が試行されている。

中でも近年発達が著しいインターネットを活用したサービスでは，前述したメタ言語を用いたネットワーク透過型の知識表現とその活用が積極的に進められている。メタ言語による知識表現とその活用については，次章にて述べるセマンティック Web 技術において改めて説明する。

知識の表現技法が複雑化し，また知識そのものの情報量も膨大化することで，これらを用いた人工知能の性能は格段に向上してきている。一方で，その複雑で膨大な情報を記録・処理するための手法の開発については，長い間の懸案事項とされてきた。近年では機械学習などの手法を用いて人間が自然に行っている学習能力と同様の機能をコンピュータで実現しようとする技術の発展により，これらの処理を自動的または半自動的に行うことが可能になりつつある。

演　習　問　題

【1】　宣言的知識と手続き的知識の違いについて，事例を交えて説明せよ。
【2】　プロダクションシステムについて，基本構成と各部の役割について説明せよ。
【3】　意味ネットワークの例を一つ考え，図示せよ。
【4】　マークアップ言語とメタ言語の類似点と相違点について簡潔に述べよ。

セマンティックWeb技術

インターネットの広範な発展により,情報ネットワークを介して世界中の人々がさまざまな情報を共有することが可能になった。近年では人工知能研究の成果を活用し,インターネットから収集することのできる膨大な情報から新たな価値創造につながるリソースを生み出す試みが進められている。

セマンティック Web 技術は,Web サイトがもつ意味をコンピュータに理解させ,コンピュータ同士で情報の処理を行わせる技術のことをいい,1998 年にティム・バーナーズ＝リーによって提唱された。

知識表現がコンピュータに人間の知識を理解できるようにするための表現を目指す一方,セマンティック Web においては知識の最終的な理解者は人間となる。

本章では,セマンティック Web を構成する要素技術として,マークアップ言語やメタ言語,スキーマ言語,オントロジーについて説明し,その具体的な活用などについて解説する。

9.1 セマンティック Web 設計の原則と技術階層

セマンティック Web の実現により,従来のコンピュータがユーザの指示に従って命令を実行するだけでなく,コンピュータ自らが,入力されたデータや情報の意味を理解し,それに基づくさまざまな処理を実行することが可能となる。

セマンティック Web 技術の応用は,広範な情報通信技術の中でも,Web や P2P などに代表されるネットワーキング分野や認知科学分野の他,コンテンツやサービス分野において研究開発が積極的に進められている。

インターネットが発展した今日では,われわれは膨大なデータに対して自由に

9. セマンティック Web 技術

アクセスすることができる。しかしこれらのデータの表現や記述の仕方は数多く存在し，また組み合わせて新たなデータを生み出すといった作業は容易ではない。一般にこのようなことを実現しようとする場合には，あらかじめデータの記述の仕方を取り決めておくことで解決できるかもしれない。しかし，ネット空間に存在するすべてのデータを統一的に記述することが困難なことは，容易に想像できるだろう。セマンティック Web 技術は，まさに世界中に分散するこれらの「データ」を，意味をもって相互に結び付けることのできる技術として注目されているのである。

セマンティック Web を設計する上での原則として，以下が示されている。

- すべてのものが URI によってグローバルに識別可能であること
- 部分的な情報から推論ができること
- 信頼度の低い情報を適切に利用する手段が提供されていること
- 可能なかぎり制約を課さず，標準化は必要最小限であること

これらの原則を基に提案されたのがセマンティック Web の概念（図 9.1，http://www.w3.org/DesignIssues/diagrams/sw-stack-2005.png）である。セマンティック Web 全体 (A) を九つの技術階層として定義し，セマンティック Web の前提となる技術 (C) を土台に，コアとなる技術 (B) によって全体を支えるものである。

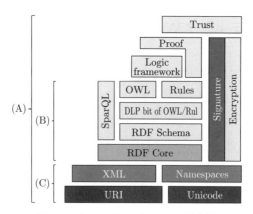

図 9.1　セマンティック Web の概念図

9.2 スキーマ言語 183

表 9.1 セマンティック Web の技術階層

階　　層	役　　割	代表的な技術
Trust	結果の信頼性に関連する技術	D–Sig, XML–Enc など
Proof	論理の正当性を管理する技術	TBA
Logic	知識の記述とそれに基づくエージェントの処理	KIF, N3
Rule	リソースの内容についての説明	RDQL, N3
Ontology	精密な語彙の定義や複数のスキーマの関連づけ・融合による推論	OWL, DAML+OIL
RDF Schema	語彙を定義するための技術	RDF Schema
RDF Core	機械処理が可能なリソースの表現	RDF Model + Syntax
XML/Namespace	記述言語および語彙の区別や混在を可能とする仕組み	XML, XML–NS
URI/Unicode	リソースの識別や表現をグローバルに扱うための技術	URI, Unicode

　技術階層すべてについての詳細な説明はここでは省くが，各階層の役割と代表的な技術について**表 9.1** にまとめる。

9.2　スキーマ言語

　XML や SGML などで文書を作成する際に，その文書にどのような要素があり，またどのような構造でつくられているのかを示すものを文書の「型」という。この「型」の定義を**文書型定義**（document type definition）と呼ぶ。また文書型定義は文書そのものの構造を示すため，**スキーマ**（schema）ともいう。

　文書型定義を行う言語のことを**スキーマ言語**（schema language）という。スキーマ言語にはさまざまなものがあるが，本節では代表的な例として DTD（document type definition）と XML Schema の二つについて説明する。

9.2.1　　DTD

DTD（document type definition）は SGML や XML において文書構造（文書型）を定義するためのスキーマ言語の一つである。

184   9. セマンティック Web 技術

これまで取り上げてきた XML 文書では文書中の要素の定義を厳密に決めてい
ないため，利用者は要素の名称からのみしか内容の判断ができなかった。DTD
の利用により，XML 文書中の各要素の定義を明確にすることができる。

今回取り上げる XML 文書として，前章でも例示したプログラム 9-1（プロ
グラム 8-2 再掲）を考えてみる。

―――――― プログラム **9-1**（名簿の XML 文書（プログラム 8-2 再掲））――――

```
1  <?xml version="1.0" encoding="UTF-8">
2  <名簿>
3    <学生>
4    <氏名>須坂太郎</氏名>
5    <学籍番号>1</学籍番号>
6    </学生>
7  </名簿>
```

この XML 文書に DTD による文書型宣言を加えた文書がプログラム 9-2 で
ある。

―――――― プログラム **9-2**（DTD を用いた名簿の XML 文書）――――

```
1  <?xml version="1.0" encoding="UTF-8" ?>
2  <!DOCTYPE 名簿 [
3  <!ELEMENT 名簿 (学生*)>
4  <!ELEMENT 学生 (氏名, 学籍番号)>
5  <!ELEMENT 氏名 (#PCDATA)>
6  <!ELEMENT 学籍番号 (#PCDATA)>
7  ]>
8  <名簿>
9    <学生>
10    <氏名>須坂太郎</氏名>
11    <学籍番号>1</学籍番号>
12    </学生>
13  </名簿>
```

以上のように，これまでの XML 文書の上部に DTD を記述することができ
る。文書型定義を XML 文書内で行うことを**内部サブセット**（internal subset）
といい，別のファイルに DTD を作成し XML 文書から呼び出して参照するこ
とを**外部サブセット**（external subset）という。

- 2 行目：DTD は **DOCTYPE 宣言**から始める。XML 文書中のルート

9.2 スキーマ言語　　*185*

要素名を記述し，その下にデータ構造を記述する。

- 3行目〜5行目：**要素型宣言**（element type declaration）といい，XML
  文書の中で出現する可能性のある要素を宣言する。ここで，同名の要素
  型宣言を重複して定義することはできない。

要素型宣言には，以下のように要素名と内容モデルを書く必要がある。

```
<!ELEMENT 要素名 内容モデル>
```

また，内容モデルを () で括ることで親子関係を記述することができる。以下
は名簿が親要素であり，学生が子要素であることを示す。

```
<!ELEMENT 名簿 (学生*)>
```

なお，氏名の後の「*」は子要素が 0 回以上出現することを示す。**表 9.2** のと
おり，別の記号を用いることで出現回数を指定することができる。

表 9.2　出現回数を指定する記号

記号	内　　容
なし	1 回のみ出現
*	0 回以上出現
+	1 回以上出現
?	0 回または 1 回出現

以下のように子要素の中にカンマで区切って複数の要素を列挙することがで
きる。この場合，左から書かれた順に子要素が出現することを表す。

```
<!ELEMENT 学生 (氏名，学籍番号)>
```

またもし仮に以下のように記述した際には，「｜」で区切られた子要素のうち
どちらかが出現することを表す。

186　　9.　セマンティック Web 技術

```
<!ELEMENT 氏名 (氏名 | 学籍番号)>
```

そして以下はその要素が文字データであることを示す。

```
<!ELEMENT 氏名 (#PCDATA)>
```

上記以外にも，要素になにを書いてもよい場合は ANY と記述する。

```
<!ELEMENT 氏名 ANY>
```

また逆になにも書かない場合は EMPTY と記述する。

```
<!ELEMENT 氏名 EMPTY>
```

以上を踏まえると，例えばプログラム 9-2 の XML 文書中の要素型宣言を変えずに XML 文書をプログラム 9-3 のように記述してもよい。

───── プログラム 9-3 (DTD を用いた名簿を表す XML 文書) ─────

```
 1  <?xml version="1.0" encoding="UTF-8" ?>
 2  <名簿>
 3    <学生>
 4      <氏名>須坂太郎</氏名>
 5      <学籍番号>1</学籍番号>
 6    </学生>
 7    <学生>
 8      <氏名>中野次郎</氏名>
 9      <学籍番号>2</学籍番号>
10    </学生>
11  </名簿>
```

9.2.2　XML Schema

前述した DTD は比較的シンプルな記述で XML 文書の構造を取り決めるこ

9.2 スキーマ言語　　*187*

とができる一方，以下のような問題点もある。

- タグを混在させて扱えない。
- 取り決めることができるデータの種類が少ない。
- XML 形式でない。

そこでこれらを改善するスキーマ言語として，**XML Schema** が 2001 年 5 月に W3C によって勧告された。XML Schema は上記の問題点を改善するとともに，さらに細かな指定を記述できるようになっている。

XML Schema は先の DTD と異なり，それ自身が XML で記述されているため，通常.xsd という拡張子のファイルとして元の XML 文書とは別に作成する。プログラム 9-4 は XML Schema を用いた XML 文書である。

―――― プログラム **9-4** (XML Schema を用いた名簿を表す XML 文書) ――――

```
1   <?xml version="1.0" encoding="UTF-8" ?>
2   <xsd:schema xmlns:xsd="http://www.w3.org/2001/XMLSchema">
3     <xsd:element name="名簿">
4       <xsd:complexType>
5         <xsd:sequence>
6           <xsd:element name="学生">
7             <xsd:complexType>
8               <xsd:sequence>
9                 <xsd:element name="氏名" type="xsd:string"/>
10                <xsd:element name="学籍番号" type="xsd:decimal"/>
11              </xsd:sequence>
12            </xsd:complexType>
13          </xsd:element>
14        </xsd:sequence>
15      </xsd:complexType>
16    </xsd:element>
17  </xsd:schema>
```

2 行目は名前空間として「http://www.w3.org/2001/XMLSchema」を使用する。また，ルート要素として「xsd:schema」を指定することとなっている。

```
<xsd:schema xmlns:xsd="http://www.w3.org/2001/XMLSchema">
```

188　　9.　セマンティック Web 技術

また，要素の中に要素を含める場合には「xsd:element」の下に「xsd:complexType」を指定する。このように要素の中に要素を含めた構造を，**複合型** (complex type) と呼ぶ。

一方，9，10 行目のように，要素の中にテキストが入る構造を，**単純型** (simple type) と呼ぶ。要素の内容としてテキストを含める場合，そのデータの種類 (型) を指定する。例えばプログラム 9-5 のように，要素名「氏名」は「文字列」型とし，同様に要素名「学籍番号」は「10 進数」型としている。

———————— プログラム **9-5** ————————

```
<xsd:element name="氏名" type="xsd:string"/>
<xsd:element name="学籍番号" type="xsd:decimal"/>
```

この他，XML Schema における要素の型には**表 9.3** に示すものがある (一部)。

表 **9.3**　XML Schema における主要な型

名称	型名
decimal	10 進数
float	浮動小数点 (単精度)
double	浮動小数点 (倍精度)
string	文字列
date	日付
time	時刻

また，先のコードでは，「xsd:element」要素の中に「xsd:element」要素を記述し入れ子の構造としたが，入れ子構造が複雑になると読み難くなるため，「学生」要素の定義を「名簿」要素の定義の外に書くことができる。具体的にはプログラム 9-6 のように「ref」属性を用いて別の場所に定義を記述する。

———— プログラム **9-6** (一部の要素を外部に記述する XML Schema の例) ————

```
1  <?xml version="1.0" encoding="UTF-8" ?>
2  <xsd:schema xmlns:xsd="http://www.w3.org/2001/XMLSchema">
3    <xsd:element name="名簿">
4      <xsd:complexType>
5        <xsd:sequence>
6          <xsd:element ref="学生">
7        </xsd:sequence>
8      </xsd:complexType>
```

```
 9    </xsd:element>
10   </xsd:schema">
11
12   <xsd:element name="学生">
13     <xsd:complexType>
14       <xsd:sequence>
15         <xsd:element name="氏名" type="xsd:string"/>
16         <xsd:element name="学籍番号" type="xsd:decimal"/>
17       </xsd:sequence>
18     </xsd:complexType>
19   </xsd:element>
```

DTD では要素の出現順序や回数を定義することができたが，プログラム 9-7
のように XML Schema でも要素の内容モデルをより詳細に記述することがで
きる。

──────── プログラム **9-7** (XML Schema による内容モデルの詳細な記述) ────────

```
 1   <?xml version="1.0" encoding="UTF-8" ?>
 2   <xsd:schema xmlns:xsd="http://www.w3.org/2001/XMLSchema">
 3     <xsd:element name="名簿">
 4       <xsd:complexType>
 5         <xsd:sequence>
 6           <xsd:element ref="学生" minOccurs="0" maxOccurs="unbounded">
 7         </xsd:sequence>
 8       </xsd:complexType>
 9     </xsd:element>
10   </xsd:schema">
11
12   <xsd:element name="学生">
13     <xsd:complexType>
14       <xsd:sequence>
15         <xsd:element name="氏名" type="xsd:string"/>
16         <xsd:element name="学籍番号" type="xsd:decimal"/>
17         <xsd:element ref="生年月日"/>
18       </xsd:sequence>
19     </xsd:complexType>
20   </xsd:element>
21
22   <xsd:element name="生年月日">
23     <xsd:complexType>
24       <xsd:choice>
25         <xsd:element name="西暦" type="xsd:string"/>
26         <xsd:element name="和暦" type="xsd:string"/>
```

```
27        </xsd:choice>
28      </xsd:complexType>
29    </xsd:element>
```

出現回数の取決め方は，6行目のように「minOccurs」と「maxOccurs」によっ
て最小・最大出現回数を指定する。回数指定を行わない場合には「unbounded」
を記述する。

```
<xsd:element ref="学生" minOccurs="0" maxOccurs="unbounded">
```

またDTDにおいていずれかの要素が出現する場合には「｜」を用いていた
が，XML Schemaでは24行目〜27行目のように，「xsd:choice」によって複
数の要素のうちのいずれかが出現することを記述できる。

さらに，プログラム9-8のように属性を定義することも可能である。

───── プログラム **9-8** (XML Schema における属性の定義) ─────

```
 1    <?xml version="1.0" encoding="UTF-8" ?>
 2    <xsd:schema xmlns:xsd="http://www.w3.org/2001/XMLSchema">
 3      <xsd:element name="名簿">
 4        <xsd:complexType>
 5          <xsd:sequence>
 6            <xsd:element ref="学生" minOccurs="0" maxOccurs="unbounded">
 7          </xsd:sequence>
 8        </xsd:complexType>
 9      </xsd:element>
10    </xsd:schema">
11
12    <xsd:element name="学生">
13      <xsd:complexType>
14        <xsd:sequence>
15          <xsd:element name="氏名" type="xsd:string"/>
16          <xsd:element name="学籍番号" type="xsd:decimal"/>
17          <xsd:element ref="生年月日"/>
18        </xsd:sequence>
19        <xsd:attribute name="sex" type="xsd:string" use="required"/>
20        <xsd:attribute name="born" type="xsd:string" default="日本"/>
21      </xsd:complexType>
22    </xsd:element>
```

上記の XML Schema を使うことにより，プログラム 9-9 のような XML 文書を記述できる。

― プログラム **9-9** (XML Schema による定義を基に作成された XML 文書の例) ―

```
 1  <?xml version="1.0" encoding="UTF-8" ?>
 2  <名簿>
 3    <学生 sex="男" born="須坂市">
 4      <氏名>須坂太郎</氏名>
 5      <学籍番号>1</学籍番号>
 6    </学生>
 7    <学生 sex="女">
 8      <氏名>小布施花子</氏名>
 9      <学籍番号>3</学籍番号>
10    </学生>
11  </名簿>
```

上記 XML 文書では「学生」要素の属性として「sex」と「born」が指定できるが，「sex」は必須項目のため，必ず記述しなければならない一方，「born」属性は必ずしも出現しなくてよい。もし「born」属性がない場合には，デフォルト値として「日本」が指定されることとなる。

9.3　Web におけるメタデータの活用事例

インターネットの世界では日々膨大な情報が生み出されており，特に Web サイトから発信されるニュースやトピックス情報などは，すでにメタデータによる配信が行われている。例として，**図 9.2** に自治体ホームページにおけるメタデータ活用の例を挙げる。

ニュースなどの情報は，他の Web コンテンツと異なり，扱う情報を標準化しやすいため，RSS や Atom など，現在までにいくつかのメタデータ形式が提案されている。それらは，例えば「タイトル」の他，「記事へのリンク」，「言語」，「記事の内容」，「作成者」などの情報である。これらの情報は Web ブラウザによって人間に対しては通常の Web ページとして描画されるが，**図 9.3** の右上にある「RSS SUZAKA」のマークにより，サイト閲覧者はこのトピックス情

192   9. セマンティック Web 技術

図 9.2　自治体ホームページにおけるメタデータ活用（長野県須坂市役所）

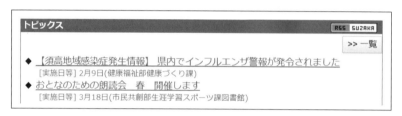

図 9.3　トピックス情報と RSS

報が RSS によってメタデータ配信されていることを知ることができる。

サイト閲覧者はこの自治体のトピックス情報が格納されているメタデータである「RSS フィード」を RSS リーダなどのツールに登録することで，わざわざ自治体のホームページを閲覧しにいかなくても，トピックス情報だけにアクセスすることが可能になる。

プログラム 9-10 は，上記自治体の RSS フィードにアクセスした際に取得されるデータの一部である。

────────── プログラム 9-10 (RSS の例) ──────────
```
1   <rss version="2.0">
2   <channel>
3   <title>須坂市ホームページ（いきいきすざか）</title>
```

```
 4  <link>http://www.city.suzaka.nagano.jp/</link>
 5  <language>ja</language>
 6  <description>須坂市公式サイト いきいきすざか</description>
 7  <generator>長野県須坂市役所</generator>
 8  <item>
 9  <title>【須高地域感染症発生情報】県内でインフルエンザ警報が発令されました</title>
10  <kikan>[実施日等] 2 月 9 日</kikan>
11  <link>
12  http://www.city.suzaka.nagano.jp/contents/event/event.php?p=x&id=11383
13  &joho=oshi
14  </link>
15  <description>
16  <![CDATA[
17  須高地域感染症発生情報
18    この情報は須高地域の幼稚園・保育園・認定こども園・小学校・中学校・支援学校・高等
19  学校が入力する「感染症情報収集システム」により集計しています。
20    更新...
21  ]]>
22  </description>
23  <pubDate>2017-02-09 09:27 am</pubDate>
24  <guid isPermaLink="false">11383</guid>
25  </item>
26
27  <item>
28  <title>おとなのための朗読会 春 開催します</title>
29  <kikan>[実施日等] 3 月 18 日</kikan>
30  <link>
31  :
32  (以下省略)
```

　なお，RSS 自体は初期のバージョンでは「RDF site summary」の略語とし
て RDF 構文を用いた定義がなされたが，その後の改変により現在の RSS2.0
では，「really simple syndication」の略語としてそれまでの異なる複数の RSS
バージョンをまとめることを目的とし，また RDF 構文を用いないことにより
シンプルなフォーマットとして新たに定義されたものになっている。

　なお，RDF については次節にて詳しく述べる。

9.4　オントロジー

オントロジーは哲学の分野において「存在論」を指すが，情報科学の分野に

194　　9. セマンティック Web 技術

おいては

- 概念化の明示的な「仕様」である

と定義されている（オントロジーの定義，Gruber，1993）。

　言い換えると，ある特定の分野における複数の「概念」と，それらの「概念」の間に存在する「関係」を「形式的な記述」によって表現した「仕様」であるといえる。さらに言い換えると，オントロジーは概念の辞書といってもよい。

　オントロジーそのものは特定の言語などに依存することなく，多くの構造的類似性を共有する。**表 9.4** にオントロジーの共通な構成要素の例を挙げる。

表 9.4　オントロジーの構成要素（一部抜粋）

要 素 名	内　　　容
エンティティ	インスタンスもしくはオブジェクト
クラス	セット，集合，概念，オブジェクトタイプ，もしくはモノの種類
属　性	オブジェクトやクラスがもち得る，側面，特性，特徴，特長あるいはパラメータ
関　係	クラスとエンティティが他と関連づけられる方法
ルール	ある特定の形式で主張から描き出される論理的推論を記述する先行的結果の if–then 文の形による表明
公　理	オントロジーがアプリケーションのそのドメインを記述する全体的理論を一緒に構成する，論理形式における仮定

　本節では，具体的なオントロジーを扱うための技術および言語として，RDFと OWL について述べる。

9.4.1　　RDF

RDF（resource description framework）は 1999 年 2 月に W3C によって規格化された。メタデータを記述することを目的とし，セマンティック Web やオントロジー構築を実現するための手段の一つとして知られている。

　RDF は，リソースの関係を主語，述語，そして目的語の三つの要素（トリプルという）で表現する。またトリプルの集合を **RDF グラフ**と呼ぶ。

　上記の RDF グラフの具体例を考えてみる。以下の例を考えてみよう（**図 9.4**）。

　これを RDF グラフにすると**図 9.5** のように表現できる。

9.4 オントロジー

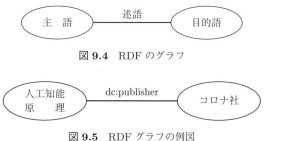

図 9.4 RDF のグラフ

図 9.5 RDF グラフの例図

```
┌─ RDF グラフの例 ─────────────────────┐
│ 人工知能原理の発行者はコロナ社である。      │
└──────────────────────────────────┘
```

このグラフを実際に記述する方法として，以下のような方法がある。

- N–Triples：主語・述語・目的語の順に空白で区切って表記する。トリプルは 1 行に一つ記述する。
- Notation3：N–Triples を拡張したもの
- Turtle：N–Triples を基本にいくつかの簡略記法を加えて扱いやすくした構文
- RDF/XML：XML によって記述する方法

プログラム 9-11 のように，ここでは RDF/XML で RDF を表現する。

─────────── プログラム 9-11 (RDF/XML による記述例) ───────────
```
1  <rdf:RDF>
2    <rdf:Description rdf:about="人工知能原理">
3      <dc:publisher>コロナ社</dc:publisher>
4    </rdf:Description>
5  </rdf:RDF>
```

上記において，「`rdf:Description`」は文を表し，「`rdf:about`」は「主語」，「`dc:publisher`」は「述語」すなわち「発行者」であり，その目的語は「コロナ社」であることが示されている。

また，初めて登場した「`dc:publisher`」は，意味の曖昧性をなくすために「URI 参照 (URI reference)」によって名前が付けられている。先の例では「発

行者」を意味するが，「`dc:publisher`」の「`dc`」は「Dublin Core」の略語で，DCMI（Dublin Core Metadata Initiative）が定義した「Dublin Core Metadata Element Set（DCMES）」の 15 ある要素（プロパティ）の一つを指定したものである。この例では「publisher」を指す。DCMES は現在バージョン 1.1 が公開されており，**表 9.5** のようにリソースに関するごく基本的な要素が定義されている。なお，初期の Dublin Core はその後の変遷でさらに要素が追加されたものと区別され，特に「シンプル DC」と呼ばれている。

表 **9.5** Dublin Core の 15 要素

要素名	内　　容
title	リソースのタイトル
creator	リソースを作成した個人や組織
subject	リソースの主題
description	リソースについての概要や要約
publisher	リソースを利用可能にしている個人や組織
contributor	リソースの内容に寄与した人や組織
date	リソースが公開された日付
type	リソースを分類するカテゴリや機能，分野などの性質
format	リソースが記述された形式
identifier	曖昧さを回避するための情報への参照
source	リソースの元となるリソースへの参照
language	リソースが記述されている言語
relation	関連するリソースへの参照
coverage	リソースの内容が適用される範囲またはその対象
rights	リソースの権利に関する情報

このように「URI 参照」を XML による RDF 記述の中で利用することで，さまざまな意味をもった情報の記述が可能となる。

また上記は RDF に Dublin Core を埋め込んだ事例となるが，HTML 文書に埋め込むことも可能である。例えばプログラム 9-12 のとおり。

───────── プログラム **9-12**（HTML への Dublin Core の埋込み）─────────

```
1  <meta name="DC.subject" content="人工知能原理" />
2  <meta name="DC.publisher" content="コロナ社" />
```

また RDF メタデータを HTML 文書内で記述する場合，外部 RDF メタデータとしてリンクによって以下のように表現することが可能である。

```
1    <link rel="meta" href="dublin-core.html.rdf" />
```

9.4.2　OWL

OWL（Web ontology language, アウル）はオントロジー記述言語の一つであり，Web 上でのオントロジー記述を目的としている。オントロジー記述言語にはこの他に，Ontolingua や OIL（ontology inference layer），DAML–ONT（DARPA agent markup language）などがある。

OWL はオントロジーを記述するための語彙を RDF スキーマに追加した言語であり，W3C の勧告によって規定されている。

先に紹介した RDF も，単純なオントロジー記述言語としてみなすことができるが，RDF では情報をトリプルで記述する際の「言い換え」を完全な形で表現することが困難である他，「推論」の機能がない，情報の階層化の表現が限定的である，といった問題が指摘された。このことから，情報の記述と推論が可能なフレームワークとして OWL が考案された。

OWL では，RDF グラフを **OWL オントロジー**（OWL ontology）と呼ぶ。また OWL オントロジーを記述した文書を **OWL 文書**（OWL document）という。

OWL 文書は一般に RDF の XML 構文によって記述され，つぎのような構成要素を含む。以下はいずれも 0 回以上，任意数記述可能である。

1. **オントロジーヘッダ**：バージョン情報および他のオントロジーのインポートを行う。
2. **クラス公理**：クラスの定義を行う。
3. **プロパティ公理**：関係を定義する。
4. **個体の記述**：クラスのインスタンスによる事実の記述を行う。

198　　9. セマンティック Web 技術

以下，上記 4 要素について少し詳しく述べる。

オントロジーのヘッダは「owl:Ontology」要素として記述する。プログラム 9-13 のようにバージョン情報「owl:versionInfo」や他のオントロジーのインポート「owl:imports」が可能である。前者の内容は任意の文字列であり，オントロジーの意味とは無関係である。また後者は他のオントロジーグラフを再利用することにより，拡張性や相互運用性を高めることが可能な重要な機能である。また，OWL 以外の RDF 要素（例えば Dublin Core）も埋め込むことが可能であるが，この場合 7 行目のように「owl:AnnotationProperty」であることを明示する必要がある。

―――――――― プログラム **9-13** (オントロジーヘッダの例) ――――――――

```
1  <owl:Ontology rdf:about="">
2  <owl:versionInfo>webont.html, v.0.9; 2002-08-25 Exp</owl:versionInfo>
3  <owl:imports rdf:resource="http://www.w3.org/2002/07/owl"/>
4  <dc:creator>須坂太郎</dc:creator>
5  </owl:Ontology>
6   :
7  <owl:AnnotationProperty rdf:about="http://purl.org/dc/elements/1.1/
8  creator"/>
9   :
```

つぎに，クラス公理について説明する。OWL のクラスは「owl:Class」要素によって表現する。表 **9.6** に OWL クラス要素の構成要素例を示す。

表 **9.6**　OWL クラス要素の構成要素例

構 成 要 素	内　　　　　容
rdfs:subClassOf	参照クラスのサブクラスとしての必要条件
owl:disjointWith	参照クラスとは分離していることの必要条件
owl:equivalentClass	参照クラスと同じインスタンスをもつクラスであるための必要十分条件
owl:oneOf	メンバを直接列挙することによりクラスを定義する。

例えば，「男性」のクラスは「人間」のサブクラスであるが，「女性」とは分離していることを定義する場合にプログラム 9-14 のように記述する。

9.4 オントロジー   199

―――――― プログラム **9-14** (owl:disjointWith の使用例) ――――――

```
1  <owl:Class rdf:ID="Man">
2   <rdfs:subClassOf rdf:resource="#Human"/>
3   <owl:disjointWith rdf:resource="#Woman"/>
4  </owl:Class>
```

また owl:oneOf の使用例として，プログラム 9-15 のようにステーキの焼き加減を定義するクラスを示す．

―――――――― プログラム **9-15** (owl:oneOf の使用例) ――――――――

```
1  <owl:Class rdf:ID="Stake">
2   <rdfs:subClassOf rdf:resource="#StakeDescriptor"/>
3   <owl:oneOf> rdf:parseType="Collection">
4     <owl:Thing rdf:about="#rare"/>
5     <owl:Thing rdf:about="#medium rare"/>
6     <owl:Thing rdf:about="#medium"/>
7     <owl:Thing rdf:about="#well-done"/>
8   </owl:oneOf>
9  </owl:Class>
```

つぎに，プロパティ公理について説明する．プロパティはオントロジーにおける「関係」を定義する部分である．オブジェクトを他のオブジェクトと関連づける**個体値型プロパティ**（owl:ObjectProperty 要素）と，オブジェクトをデータ型値に結び付ける**データ値型プロパティ**（owl:DatatypeProperty 要素）がある（**表 9.7**）．

表 9.7　プロパティ要素における制約要素

構 成 要 素	内　　　　　容
rdfs:subPropertyOf	参照クラスのサブプロパティ
rdfs:range	目的語が参照クラスのインスタンスであることを示す．
rdfs:domain	主語が参照クラスのインスタンスであることを示す．
owl:equivalentProperty	参照プロパティと同じインスタンスをもつことを示す．
owl:inverseOf	参照プロパティと反対の関係をもつことを示す．

例として，「親がいる」というプロパティは「子供がいる」ことの反対の関係を示すため，プログラム 9-16 のように記述することができる．

200　　　9.　セマンティック Web 技術

―――――― プログラム **9-16** (owl:inverseOf の使用例) ――――――

```
1  <owl:ObjectProperty rdf:ID="hasParent">
2   <owl:inverseOf rdf:resource="#hasChild"/>
3  </owl:ObjectProperty>
```

また，**表 9.8** で示すプロパティを用いて，プロパティの論理的な性質を記述することで，推論などを行うことが可能となる。

表 **9.8**　プロパティの論理的性質を表すクラス

クラス名 URI	公理と内容
owl:TransitiveProperty	$P(x,y)$ and $P(y,z) \rightarrow P(x,z)$ 推移する関係であることを示す。
owl:SymmetricProperty	$P(x,y)$ iff $P(y,x)$ 対称性があることを示す。
owl:FunctionalProperty	$P(x,y)$ and $P(x,z) \rightarrow y = z$ 値が唯一であることを示す。
owl:InverseFunctionalProperty	$P(y,x)$ and $P(z,x) \rightarrow y = z$ その値から主語が特定できる。

例えば，「親がいる」というプロパティは推移するプロパティであり，かつ「子どもがいる」の反対の関係であることを定義する場合，プログラム 9-17 のように記述することができる。

―――――― プログラム **9-17** (owl:TransitiveProperty の使用例) ――――――

```
1  <owl:TransitiveProperty rdf:ID="hasParent">
2   <owl:inverseOf rdf:resource="#hasChild"/>
3  </owl:TransitiveProperty>
```

最後に個体の記述について述べる。これまで述べたクラスやプロパティの定義は，用語や推論のためのルールを記述するための役割を果たす。これらを用いて実際の情報を記述するのがインスタンス，すなわち**個体**（individual）である。抽象構文においてクラスやプロパティの定義を行う部分を**公理**（axiom）と呼び，個体を記述する部分を**事実**（fact）と呼ぶ。

OWL においては，すべての「個体」は必ずいずれかのクラスに属する。通常はそのクラス名のノード要素の中に**表 9.9** のようなプロパティを記述して表

表 9.9 個体を定義する要素

構 成 要 素	内　　　　　容
owl:sameAs	二つの個体は同一である。
owl:differentFrom	二つの個体は異なる。
owl:AllDifferent	列挙した一連の個体はすべて異なる。
rdf:type	個体は参照クラスのインスタンスである。

現する。

例えば二つの名前が同一の人物を指す場合，`owl:sameAs` を用いてプログラム 9-18 のように記述することができる。

─── プログラム 9-18 (owl:sameAs の使用例) ───

```
1  <rdf:Description rdf:about="#織田弾正忠平朝臣信長">
2    <owl:sameAs rdf:resource="#織田信長"/>
3  </rdf:Description>
```

9.5　セマンティック Web の応用事例

セマンティック Web の実現によって，膨大なインターネット上のデータをさまざまな加工を施して利活用することが可能になる。本節では RDF 技術を基盤とし，実際に Web 上での実装が進む Linked Open Data，および SPARQL 技術について述べる。

9.5.1　Linked Open Data

Linked Open Data（**LOD**）は Web 上に存在する他のデータとリンクされているデータ（**Linked Data，LD**）であり，かつ誰でも自由に利用できるオープンなライセンスで公開された**オープンデータ**（open data）であることを兼ね備えたデータを指す。従来の Web がホームページなど人間が理解しやすい形で表現されているのに対して，LOD は構造化されたデータ同士のリンクにより機械判読や二次利用が容易であり，いわばコンピュータにとってやさしい形式で表現されている。Web の生みの親であり，また LOD の創始者であるティ

ム・バーナーズ゠リーは LOD に関しての以下の四つの原則を定義している．
- データの識別子に URI を使用すること
- アクセスや参照を可能にするために HTTP URI を使用すること
- URL によるアクセスの際には，RDF や SPARQL などの標準的なフォーマットを用いて有用な情報を提供すること
- データには関連情報へのリンクも含めてさらなる情報発見を促すこと

これらを基にティム・バーナーズ゠リーが提案しているのが，オープンデータ推進のためのスキーム 5★オープンデータ（5-star open data plan）である（図 9.6）．

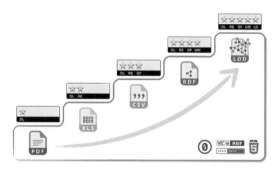

図 9.6　5★オープンデータ

「5★オープンデータ」では，★の数を一つから五つの段階に分け，取組みとして充実しているものほど星の数を多く表現している．各段階における例と代表的なデータ形式を表 9.10 に述べる．

以上のように，LOD における★4 と★5 は，まさにセマンティック Web を

表 9.10　5★オープンデータの各段階

★の数	内容	代表的な形式
★	既存のデータをオープンライセンスにて公開	PDF
★★	構造化データによって公開	XLS
★★★	非独占の形式によるデータの公開	CSV
★★★★	URI を使用したデータによる公開	RDF
★★★★★	他のデータへリンクし複数のデータを組み合わせて公開	LOD

9.5 セマンティック Web の応用事例　　*203*

実現することを指している。

　図 **9.7** に LOD データの参考例を挙げる。長野県須坂市がオープンデータとして公開している「須坂市介護保険認定情報 LOD」のデータの一部である。

#LINK					
#lang	ja				
#attribution_url	http://www.city.suzaka.nagano.jp/				
#attribution_name	Suzaka City				
#license	http://creativecommons.org/licenses/by/3.0/deed.ja				
#file_name	suzakacity_kaigo_nintei				
#download_from	http://linkdata.org/work/rdf1s4282i				
#property	http://imi.ipa.go.jp/ns/core/rdf#市区町村コード	基準日	第1号被保険者数	第1号認定者数	第2号認…
#object_type_xsd	string:ja	string:ja	string:ja	string:ja	string:ja
#property_context	Assertion	Assertion	Assertion	Assertion	Assertio…
1	202070	平成18年4月末	12456	1751	58
2	202070	平成18年5月末	12473	1764	60
3	202070	平成18年6月末	12495	1790	63
4	202070	平成18年7月末	12519	1802	59
5	202070	平成18年8月末	12544	1806	57
6	202070	平成18年9月末	12563	1794	56
7	202070	平成18年10月末	12591	1800	58
8	202070	平成18年11月末	12599	1796	57
9	202070	平成18年12月末	12614	1778	57
10	202070	平成19年1月末	12653	1755	54
11	202070	平成19年2月末	12691	1732	55
12	202070	平成19年3月末	12729	1761	53
13	202070	平成19年4月末	12745	1776	54
14	202070	平成19年5月末	12765	1788	52
15	202070	平成19年6月末	12798	1793	53
16	202070	平成19年7月末	12799	1793	53

図 **9.7**　須坂市介護保険認定情報 LOD（一部）

　ここで，表中の 2 列目は長野県須坂市の市町村コードを示す列であるが，この列の「#property」に着目すると，以下の記述がある。

```
1  http://imi.ipa.go.jp/ns/core/rdf#市区町村コード
```

　これは，複数のデータ間で統一的な語彙を提供する「共通語彙基盤」（IPA：情報通信機構による）が定義する語彙であり，具体的には「市区町村コード」という語彙を参照している。LOD では上記のようにデータ内の項目を URI 形式で記述することが可能であり，他の同一の意味を有するデータとの情報交換を円滑化することができる。

9.5.2　SPARQL

SPARQL（SPARQL protocol and RDF query language）は RDF クエリ言語の一種であり，RDF で記述されたデータを検索・操作するための言語で

ある。また，SPARQL によって LOD を検索可能にするインタフェースを有する Web サービスを，**SPARQL endpoint** という。

SPARQL の特徴として以下が挙げられる。

- SPARQL によって従来の SQL に近い文法が使える。
- クラウドに上げられた LOD データに自由にアクセスすることができる。
- アクセスしたデータは XML 形式の他，JSON や HTML 形式などで取得することができる。

以下は LOD クラウド上の任意の三つの組のデータを取得する**クエリ**である。ここで，「s」は主語（subject）「p」は述語（predicate）「o」は目的語（object）を意味するが，実際には「?」の後の単語は変数であるため，任意に名称を付けることができる。

```
1   select ?s ?p ?o where{?s ?p ?o.}
```

例えば上記のクエリは以下のように記述しても同様の結果を得ることができる。「where」文は省略することが可能。

```
1   select ?abc ?def ?ghi {?abc ?def ?ghi.}
```

また，以下のクエリでは，SQL 文と同様に「*」を用いることで，出力内容を限定せずにすべて表示し，またその結果に対して「LIMIT」により表示する件数を制限することができる。

```
1   select * {?abc ?def ?ghi.} LIMIT 10
```

さらに，プログラム 9-19 は「distinct」文によって結果の重複を簡素化する例である。

9.5 セマンティック Web の応用事例 205

―――――― プログラム **9-19** (SPARQL での検索) ――――――

```
1  select distinct * where {
2    <http://ja.dbpedia.org/resource/東海地方> ?p ?o .
3  } limit 4
```

上記の SPARQL クエリでは，主語に LOD クラウドとして，「DBpedia Japanese」(http://ja.dbpedia.org) を指定した例である。DBpedia はインターネット上の百科事典構築を目的として運用されている Wikipedia からの情報を抽出し，それらを LOD として公開するコミュニティプロジェクトである。図 **9.8** は LOD 上のデータを SPARQL クエリにより利活用するための検索画面である。

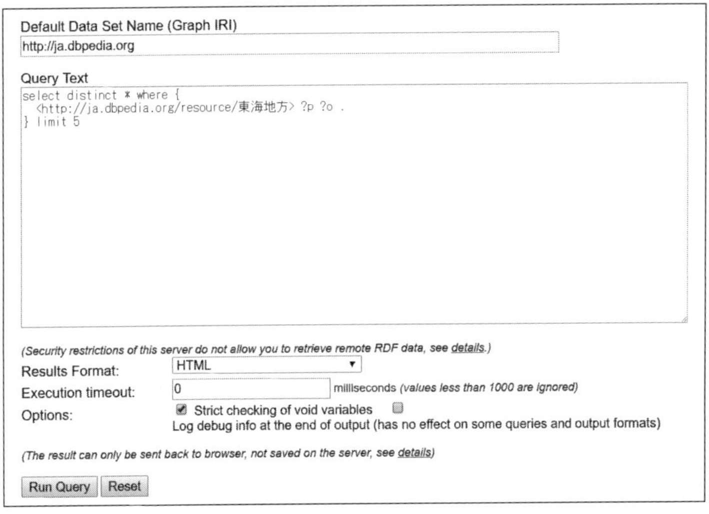

図 **9.8** ja.dbpedia.org における SPARQL endpoint 検索画面

プログラム 9-19 を実行して得られる結果を**表 9.11** に示す。

プログラム 9-20 の例は，愛知県の隣接都道府県を検索するクエリである。prefix 文を用いることにより，URI の接頭辞をあらかじめ宣言することが可能であり，クエリ本体の文を簡略化することができる。

206   9. セマンティック Web 技術

表 **9.11** SPARQL クエリの結果例

p	o
http://www.w3.org/2000/01/rdf-schema #label	"東海地方"@ja
http://www.w3.org/2000/01/rdf-schema #comment	"東海地方（とうかいちほう）は，日本の地域区分の一つで，本州中央部の太平洋側を指し，五畿七道の東海道に由来してこのように呼ばれる。愛知県，岐阜県，三重県，静岡県の4県を指す場合と，愛知県，岐阜県，三重県の3県を指す場合がある。"@ja
http://www.w3.org/2002/07/owl#sameAs	http://dbpedia.org/resource/Tokai_region
http://www.w3.org/2002/07/owl#sameAs	http://www.wikidata.org/entity/Q398989

――――――― プログラム **9-20** (SPARQL で隣接都道府県を検索する) ―――――――

```
1  prefix dbp-prop: <http://ja.dbpedia.org/property/>
2  prefix dbp-rsrc: <http://ja.dbpedia.org/resource/>
3  select distinct * where {
4    dbp-rsrc:愛知県  dbp-prop:隣接都道府県 ?o.
5  }
```

プログラム 9-20 のクエリ文の結果は**表 9.12** のとおりである。

表 **9.12** 愛知県の隣接都道府県の結果

o
http://ja.dbpedia.org/resource/岐阜県
http://ja.dbpedia.org/resource/長野県
http://ja.dbpedia.org/resource/静岡県
http://ja.dbpedia.org/resource/三重県

以上のように，SPARQL を用いることで，これまでのデータベースへのアクセスを Web を介して行うことができる点が，最大のメリットといえるだろう。このことは，取得するデータを絞り込んで必要なデータのみを取得することができる点や，複数の結果を組み合わせて新しいデータを生み出すことができる点など，多くのメリットにつながる。また近年では，文字データ（アスキーデータという）のみでなくバイナリデータへの対応も進められている。

9.6 セマンティック Web の未来

セマンティック Web 技術の活用は，技術分野のみでなく，近年では行政，教育，芸術などさまざまな分野において活用が始められている。中でも日本国内においては，政府や地方自治体が進めるオープンデータの取組みが活発化してきている。

日本におけるオープンデータ推進の意義と目的については，以下の 3 点が挙げられている。

- 透明性・信頼性の向上
- 国民参加・官民協働の推進
- 経済の活性化・行政の効率化

これらの意義・目的を前提に，国や自治体などは，これまで独自に保有してきたデータを「2 次利用可能」でかつ「機械判読できる形式で公開」することが求められている。行政における情報公開は，これまで情報公開請求など手間のかかる情報提供の手段しかなかったり，PDF などの直接編集できる形式でのデータ提供がなされていない，またデータの 2 次利用がしにくいライセンスでの公開が主であった。一方，オープンデータ推進の取組みにおいては，よりよい市民サービスの提供として従来のアプリケーションの提供を主体とするのではなく，アプリケーションで活用される 1 次データをコンピュータにとって扱いやすい形式で公開し，また 2 次利用がしやすいライセンスを付与するところに特徴がある。公開されたデータは，地域のコミュニティや民間企業・大学や高校などの学術研究機関によって活用され，行政がデータ公開，民間がアプリケーション構築といった「官民協働」の推進を目指すものである。

オープンデータ推進の延長線上には，将来の電子政府を実現する「オープンガバメント」につなげようとする動きがある。セマンティック Web 技術は，オープンデータやオープンガバメントの推進において創出されるさまざまなサービスを支える基盤技術として，必須であるといってよいだろう。

9. セマンティック Web 技術

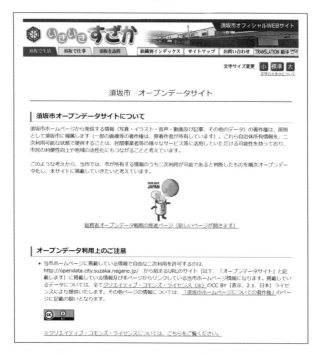

図 9.9　自治体によるオープンデータの公開（長野県須坂市役所）

地方自治体におけるオープンデータ推進の参考事例として，長野県須坂市の例を挙げる（図 9.9）。

図のように，自治体オープンデータサイトには，公開オープンデータのライセンス条項が示され，公開データについても PDF や表計算用形式など複数のデータ形式で統計情報などを公開する。

サイト利用者はこれらのライセンスを確認の上，Web サイトから必要なデータをダウンロードするなどして，自由にアプリケーションに組み込むことができる。また近年では，これらのデータを自由にアップロードして利活用可能にした，LOD クラウドサービスの活用も進められている。

図 9.10 にオープンデータプラットフォームを提供する，LinkData（http://linkdata.org）を紹介する。当サイトは個人利用の他，多くの自治体がオープンデータ公開のプラットフォームとして採用している。

9.6 セマンティック Web の未来

図 9.10 自治体による外部プラットフォームを活用したオープンデータの公開（長野県須坂市役所）

　LinkData では，自治体担当者の負担軽減を実現するために，データをアップロードする際には，汎用の形式として表計算ソフトで用いられるデータをアップロードすると自動的に LOD に変換する機能を実装している．これにより，LOD についての基礎的な知識さえあれば，容易にオープンデータを公開することが可能である．

　公開オープンデータの活用の際には，LOD 形式の他に CSV 形式や XML/RDF 形式，Turtle 形式など多くの形式で出力が可能なことから，利用者は JavaScript などを用いてアクセスし，他の複数の LOD データを組み合わせて（マッシュアップという）容易に Web アプリケーションを構築することが可能となる．

　近年の自治体運営においては，多様な分野のさまざまなデータを組み合わせ活用することが可能な「データ連携基盤」に注目が集まっている．一般に，組み合わせるデータが多くなるほど著作権などのライセンス管理が複雑になる傾向がある．しかし，データをオープンデータとすることによりライセンス管理を簡素化することが可能となる．複雑な現実社会においてセマンティック Web 技術がさらに有効に機能するためには，オープンデータの導入が今後必須とな

210   9. セマンティック Web 技術

るだろう。

演 習 問 題

【1】 XML 文書のスキーマ言語である DTD と XML Schema について，両者の違いやメリット，デメリットについて述べよ。

【2】 以下の条件を満たす XML 文書のための DTD と具体例を考案し，提案せよ。
(条件 1) 「書籍」を題材とした DTD と XML 文書を作成する。
(条件 2) 「書籍」には，「書名」や「著者」，「発行者」，「発行日」，「価格」，「概要」を含める。
(条件 3) 「概要」にはなにを書いてもよいこととする。

【3】 以下の条件を満たす XML 文書のための XML Schema と具体例を考案し，提案せよ。
(条件 1) 「乗り物」を題材とした XML Schema と XML 文書を作成する。
(条件 2) 「乗り物」には「飛行機」や「自動車」，「船」などを含める。
(条件 3) それぞれの乗り物には，必ず「製造メーカー」と「製造年」が存在する。
(条件 4) それぞれの乗り物の定義の際は，「乗り物」要素の定義の外に記述する。

【4】 戦国時代の大名である豊臣秀吉の本名は「羽柴秀吉」であり，正式には「豊臣朝臣羽柴秀吉」である。このことを owl:sameAs を使用したオントロジー文書として記述せよ。

【5】 長野県の隣接都道府県を得る SPARQL クエリを示し，その結果を記述せよ。

引用・参考文献

1章

1) L. Johnson and E. T. Keravnou: Expert Systems Technology: A Guide (Information Technology and Systems Series), Taylor & Francis Group (1985)
2) 荒屋真二：人工知能概論 第2版—コンピュータ知能から Web 知能まで，共立出版 (2004)
3) 馬場口登，山田誠二：人工知能の基礎，昭晃堂 (1999)
4) 人工知能学会 編：人工知能学事典，共立出版 (2005)
5) 人工知能学会ホームページ：https://www.ai-gakkai.or.jp/

2章

1) 太原育夫：人工知能の基礎知識，近代科学社 (1988)
2) 西田豊明：人工知能の基礎，丸善 (1999)
3) P. E. Hart, N. J. Nilsson, B. Raphael: A Formal Basic for the Heuristic Determination of Minimum Cost Paths, IEEE Transactions of systems science and cybernetics, **ssc–4**, 2 (1968)

3章

1) 秋山 仁，中村義作：ゲームにひそむ数理，森北出版 (1998)
2) A. F. Archer: A Modern Treatment of the 15 Puzzle, American Mathematical Monthly (1999)
3) S. J. Russell and P. Norvig (古川康一 訳)：エージェントアプローチ人工知能 第2版，共立出版 (2008)
4) 美添一樹：モンテカルロ木探索—コンピュータ囲碁に革命を起こした新手法，情報処理，**48**，6，pp.686–693 (2008)
5) V. V. Anshelevich: The Game of Hex: An Automatic Theorem Proving Approach to Game Programming, Proceedings of the Seventeenth National Conference on Artificial Intelligence and Twelfth Conference on Innovative Applications of Artificial Intelligence, pp.189–194 (2000)

4章

1) 坂和正敏，田中雅博：遺伝的アルゴリズム，朝倉書店 (1995)

2) 伊庭斉志：遺伝的アルゴリズムの基礎，オーム社 (1994)

3) 伊庭斉志：進化論的計算の方法，東京大学出版会 (1999)

4) 伊庭斉志：進化論的計算手法，オーム社 (2005)

5) 北野宏明 編：遺伝的アルゴリズム，産業図書 (1993)

6) 人工知能学会 編：人工知能学辞典，共立出版 (2005)

7) S. M. Sait (白石洋一 訳)：組合せ最適化アルゴリズムの最新手法 基礎から応用まで，丸善 (2002)

8) 中原英臣：図解雑学 進化論，ナツメ社 (2006)

9) 河田雅圭：はじめての進化論，講談社現代新書 (1990)

10) R. Pfeifer and C. Scheier (石黒章夫, 小林　宏, 細田　耕 監訳)：知の創成—身体性認知科学への招待—，共立出版 (2001)

11) 電気学会進化技術応用調査専門委員会 編：進化技術ハンドブック，近代科学社 (2010)

12) 高木英行, 畝見達夫, 寺野隆雄：対話型進化計算法の研究動向，人工知能学会誌, **13**, 5, pp.692–703 (1998)

5 章

1) 吉冨康成：ニューラルネットワーク，朝倉書店 (2002)

2) 熊沢逸夫：学習とニューラルネットワーク，森北出版 (1998)

3) 中野良平：ニューラル情報処理の基礎数理，数理工学社 (2005)

4) 舟久保登：パターン認識，共立出版 (1991)

5) 岡谷貴之：深層学習，講談社 (2015)

6) 人工知能学会 監修：深層学習，近代科学社 (2015)

7) 杉山　聡：分析モデル入門，ソシム (2022)

8) 巣籠悠輔：ディープラーニング，マイナビ (2017)

9) 岡野原大輔：ディープラーニングを支える技術 2，技術評論社 (2022)

10) T. コホネン：自己組織化マップ改訂版，シュプリンガー・フェアラーク東京 (2005)

11) 徳高平蔵, 藤村喜久郎, 岸田　悟：自己組織化マップの応用（第 2 版），海文堂 (2005)

6 章

1) R. S. Sutton and A. G. Brato (三上貞芳・皆川雅章 訳)：強化学習，森北出版 (2000)

2) 別冊数理科学 脳情報数理科学の発展，サイエンス社 (2002)

3) 電気学会 編：学習とそのアルゴリズム，森北出版 (2002)

7 章

1) N. Cristianini and J. Shawe-Taylor（大北　剛 訳)：サポートベクターマシン入

門，共立出版 (2005)

2）赤穂昭太郎：カーネル多変量解析，岩波書店 (2008)

3）石井健一郎，前田英作：続々わかりやすいパターン認識，オーム社 (2022)

4）高橋治久，堀田一弘：学習理論，コロナ社 (2009)

5）福水健次：カーネル法入門，朝倉書店 (2010)

6）P. Flach（竹村彰通 監訳）：機械学習，朝倉書店 (2017)

7）G. Hinton and S. Roweis: Stochastic Neighbor Embedding, Advances in Neural Information Processing Systems (2002)

8）L. van der Maaten and G. Hinton: Visualizing Data using t-SNE, Journal of Machine Learning Research, 9, pp.2579–2605 (2008)

9）林　克彦, 新保　仁：知識のベクトル空間埋め込みと可視化, 数理科学, 6, pp.30–43 (2019)

8 章

1）小山照夫：知識モデリング，丸善 (2000)

2）松本啓之亮，黄瀬浩一，森　直樹：知能システム工学入門，コロナ社 (2002)

3）新田克己：知識と推論，サイエンス社 (2002)

4）人工知能学会 編：人工知能学辞典，共立出版 (2005)

5）小林一郎：人工知能の基礎，サイエンス社 (2008)

6）高橋麻奈：やさしい XML 第 3 版，風工舎 (2009)

7）宮下徹雄：改訂 XML 入門，SCC 出版局 (2011)

8）馬場口登，山田誠二：人工知能の基礎（第 2 版），オーム社 (2015)

9）小高知宏：人工知能入門，共立出版 (2015)

10）本位田真一，松本一教，宮原哲浩，永井保夫，市瀬龍太郎：人工知能 改訂 2 版，オーム社 (2016)

11）浅井　登：はじめての人工知能，翔泳社 (2016)

9 章

1）溝口理一郎：オントロジー工学，オーム社 (2005)

2）小高知宏：はじめての AI プログラミング，オーム社 (2006)

3）高橋麻奈：やさしい XML 第 3 版，風工舎 (2009)

4）赤間世紀：オントロジーがわかる本，工学社 (2010)

5）Toby Segaran, Colin Evans, Jamie Taylor (大向一輝・加藤文彦・中尾光輝・山本泰智 監訳，玉川竜司 訳) セマンティック Web プログラミング，オライリー・ジャパン (2010)

6）宮下徹雄：改訂 XML 入門，SCC 出版局 (2011)

7）來村徳信：オントロジーの普及と応用，オーム社 (2012)

索　引

【あ】

アウル	197
誤り訂正学習法	105
暗黙知	160

【い】

石取りゲーム	53
一様交叉	85
一点交叉	84
イテレーション	117
遺伝子型	79
遺伝子座	80
遺伝子長	80
遺伝的アルゴリズム	79
遺伝的操作	82
遺伝的プログラミング	87
意味ネットワーク	161, 163
入れ子構造	177
インスタンスフレーム	162
インタプリタ	166, 168

【う】

後ろ向き推論	172

【え】

エージェント	124
枝	9
エッジキューブ	73
エピソード的タスク	127
エポック数	117
エリート数	83
エリート戦略	83

【お】

オブジェクト	166
オープンガバメント	207
オープンデータ	201
オープンリスト	13
親子関係	11
オントロジー	193
——の定義	194
オントロジーヘッダ	197

【か】

下位概念	162
階層構造	164
外部サブセット	184
ガウスカーネル	95, 151
学習者	124
学習率	106
確定ゲーム	53
確率的勾配降下法	116
隠れ層	101
活性化関数	100
カーネル関数	95, 151
カーネルトリック	151
環境	124
慣性項	110
慣性率	110
間接照合	170
完全情報ゲーム	53

【き】

木	9
奇置換	48
逆位	90
逆元	46

【お】

吸収状態	130
吸収壁	130
強化学習	124
競合解消	171
競合学習	120
教師あり学習	119
教師信号	95
教師なし学習	119
兄弟関係	11
共通語彙基盤	203
局面表	72

【く】

偶置換	48
クエリ	204
クラス公理	197, 198
クラスタリング	142
クラスフレーム	162
クラス分類	142
グラフ	9
グリーディ方策	134
クローズドリスト	13
グローバルベスト	93
群	46

【け】

形式知	160
形式ニューロン	100
継承	170
経路	9
結合重み	100
決定境界	142, 143
ゲーム木	54
健全	24

索　　引　　215

【こ】

交　叉	84, 89, 91
構造的性質	164
行　動	124, 171
行動価値	134
公　理	200
互　換	48
誤差逆伝播法	105, 107
個　体	200
――の記述	197
個体値型プロパティ	199
コーナーキューブ	73
混雑問題	157

【さ】

最新優先	171
最大プーリング	115
最良優先探索	29
作業域	165, 166
サーバント	161
差分学習	127
差分進化	90
サポートベクター	144
サポートベクターマシン	142
参照ベクトル	119

【し】

次元削減	142, 153
自己組織化マップ	119
事　実	166, 200
次状態	124
実数値 GA	90
収　益	127
集団サイズ	81
出力層	101
巡回置換	45
循環路	9
上位概念	162
条件照合	171
勝者ユニット	120
詳述優先	171
状　態	124

状態価値	126
状態空間	9
証明集合	58
証明数	56
証明数探索	59
人工知能	1
深層学習	113
シンプル DC	196

【す】

推　論	168
推論機構	166
スキーマ	183
スキーマ言語	183
スクリプト	161, 167
スラック変数	148
スロット	161
スロット値	161
スロット名	161

【せ】

性質属性	165
性質の継承	164
静的評価	61
静的評価関数	61
静的評価値	62
セマンティック Web	181
――の概念	182
セマンティック Web 技術	
	181
ゼロパディング	114
ゼロ和ゲーム	52
遷移確率	130
線形探索	8
全結合	113
宣言的知識	159
センターキューブ	73
選　択	82, 88, 92

【そ】

双対問題	145, 149
双方向推論	172
属　性	166

属性継承	170
属性値	166
ソフトマージン最適化	148
ソフトマックス手法	134
損失関数	107

【た】

ダイクストラ法	20
対立遺伝子	80
対話型進化計算	95
多重継承	170
多層パーセプトロン	101
たたみ込み	113
たたみ込みニューラルネッ	
トワーク	113
多点交叉	85
単位元	46
探　索	7
探索木	11
単純型	188
単層パーセプトロン	101

【ち】

知識表現	159
超平面	143
直接照合	170

【て】

定義属性	165
定数節点	88
ディープラーニング	113
適格度トレース	139
適合度	80
適用制限	172
データ駆動型推論	172
データ値型プロパティ	199
データ連携基盤	209
手続き的知識	160
デフォルト値	165
デーモン	161
展開する	13
転　換	90
伝達関数	100

【と】

動的評価	61
特徴空間	150
突然変異	86, 89, 91
突然変異率	86
トーナメント方式	83
トリプル	194
ドロップアウト	118

【な】

内部サブセット	184

【に】

二点交叉	84
入力層	101

【の】

ノード	9, 163

【は】

葉	11
バイアスユニット	103
パーセプトロン	101
パーソナルベスト	93
発火	172
バックプロパゲーション法	107
バッチ学習	116
バッチサイズ	117
ハードマージン最適化	145
幅優先探索	13
ハミング距離	87
反証集合	58
反証数	56
反復深化 $\alpha\beta$ 探索	72
反復深化法	39

【ひ】

非線形 SVM	150, 153
ヒューリスティック	26
ヒューリスティック関数	26
表現型	80

ヒンジ損失	95, 149

【ふ】

ファーストマッチ	172
ファセット	161
ファセット値	161
ファセット名	161
深さ	11
深さ優先探索	11
複合型	188
プーリング	115
プレイアウト	72
フレーム	160, 161
フレーム問題	163
プロダクションシステム	165
プロダクションルール	161, 165
プロパティ公理	197, 199
文書型定義	183

【へ】

平均プーリング	115
閉路	9
ヘックス	74
ベルマン方程式	130
変数節点	88

【ほ】

方策オフ型学習	137
方策オン型学習	135, 136
報酬	124
歩道	9

【ま】

前向き推論	172
マークアップ言語	159, 173
マージン	143
マスク	85
マスクパターン	85
マッシュアップ	209
マルコフ決定過程	125
マルコフ性	125
マンハッタン距離	49

【み】

水差し問題	12
ミニバッチ学習	117

【む】

無矛盾	38

【め】

メタ言語	159, 174
メタデータ	174

【も】

目標駆動型推論	172
モーメンタム	110
モンテカルロ木探索	72
モンテカルロ法	128

【や】

山登り法	26

【ゆ】

有限ゲーム	53
有向グラフ	9
ユニット	100
ユニット数	119

【よ】

要素型宣言	185

【ら】

ラグランジュの未定乗数法	144
ラベル付き有向グラフ	163
ランキング方式	83
ランダムウォーク問題	130

【り】

粒子群最適化	90
リンク	9, 163
隣接する	9

索　引　　217

【る】

ルート	11
ルービックキューブ	44, 73
ルールベース	165, 166
ルール優先順位	172

【れ】

ルーレット方式	82
例　外	171
例外処理	171
レストランスクリプト	168

【A】

A^* アルゴリズム	31
actor–critic	133
AdaGrad	117
Adam	117
AI	1
AND–OR 木	55
AND ノード	55
AND 分岐	55
Atom	191

【C】

CNN	113

【D】

DAML–ONT	197
DCMES	196
DCMI	196
DE	90
DOCTYPE 宣言	184
DTD	183
Dublin Core	196

【G】

$g(n)$	20
$\hat{g}(n)$	20
GA	79
GP	87
GTYPE	79

【H】

$h(n)$	26
$\hat{h}(n)$	26
HTML	174, 175

【I】

HTML5	175
IDA^*	41

【K】

KL ダイバージェンス	154
KR	159

【L】

LD	201
LinkData	208
Linked Data	201
Linked Open Data	201
LOD	201
L_p プーリング	115

【M】

MAX ノード	62
MAX プレーヤ	61
MDP	125
MINMAX 探索	63
MINMAX 法	60
MIN ノード	62
MIN プレーヤ	61

【N】

Negamax 法	71

【O】

OAV 形式	166
OIL	197
Ontolingua	197
OR ノード	55
OR 分岐	55

【わ】

連結グラフ	9
連続タスク	127
割引収益	127
割引率	127

【P】

OWL	197
OWL オントロジー	197
OWL 文書	197
Perplexity 尺度	154, 157
PSO	90
PTYPE	80

【Q】

Q 学習	137

【R】

RDF	194
RDF/XML	195
RDF グラフ	194
RNN	116
RSS	191
RSS フィード	192
RSS リーダ	192

【S】

SARSA	134
SGD	116
SGML	178
SMO	147
SNE	153
SOM	119
SPARQL	203
SPARQL endpoint	204
SVG	174
SVM	142

【T】

t-SNE	153, 157

TD 学習	126
TD 学習アルゴリズム	128
TD 誤差	126
TeX	174
t 分布	157

【U】

| URI 参照 | 195 |

【V】

| VRML | 174 |

【W】

| World Wide Web | 174 |

【X】

| XML | 178 |
| XML Schema | 183, 187 |

【その他】

α カット	67
$\alpha\beta$ カット	68
$\alpha\beta$ 探索	68
$\alpha\beta$ 法	66
β カット	67
ϵ-グリーディ方策	135
1 ステップダイナミクス	125
5 ★オープンデータ	202
8-パズル	8, 44

—— 著 者 略 歴 ——

加納　政芳（かのう　まさよし）
1999年　名古屋工業大学工学部知能情報システム学科卒業
2001年　名古屋工業大学大学院博士前期課程修了（電気情報工学専攻）
2004年　名古屋工業大学大学院博士後期課程修了（電気情報工学専攻），博士（工学）
2004年　中京大学講師
2010年　中京大学准教授
2015年　中京大学教授
　　　　現在に至る

山田　雅之（やまだ　まさし）
1992年　名古屋工業大学工学部電気情報工学科卒業
1994年　名古屋工業大学大学院博士前期課程修了（電気情報工学専攻）
1994年　名古屋工業大学助手
1998年　中京大学助手
1999年　博士（工学）（名古屋工業大学）
2007年　中京大学准教授
2012年　中京大学教授
　　　　現在に至る

遠藤　守（えんどう　まもる）
1997年　信州大学工学部情報工学科卒業
1999年　名古屋大学大学院博士前期課程修了（物質・生命情報学専攻）
2003年　名古屋大学大学院博士後期課程修了（物質・生命情報学専攻），博士（学術）
2003年　中京大学講師
2008年　中京大学准教授
2014年　名古屋大学准教授
　　　　現在に至る

人工知能原理（改訂版）
Principles of Artificial Intelligence (Revised Edition)
Ⓒ Kanoh, Yamada, Endoh 2017, 2024

2017 年 12 月 15 日　初版第 1 刷発行
2024 年 9 月 30 日　初版第 5 刷発行（改訂版）

検印省略	著　者	加　納　政　芳	
		山　田　雅　之	
		遠　藤　　　守	
	発 行 者	株式会社　コロナ社	
		代 表 者　牛来真也	
	印 刷 所	三美印刷株式会社	
	製 本 所	有限会社　愛千製本所	

112-0011　東京都文京区千石 4-46-10
発 行 所　株式会社　コ ロ ナ 社
CORONA PUBLISHING CO., LTD.
Tokyo Japan
振替 00140-8-14844・電話(03)3941-3131(代)
ホームページ　https://www.coronasha.co.jp

ISBN 978-4-339-02723-5　C3355　Printed in Japan　　（新井）

〈出版者著作権管理機構 委託出版物〉
本書の無断複製は著作権法上での例外を除き禁じられています。複製される場合は，そのつど事前に，
出版者著作権管理機構（電話 03-5244-5088，FAX 03-5244-5089，e-mail: info@jcopy.or.jp）の許諾を
得てください。

本書のコピー，スキャン，デジタル化等の無断複製・転載は著作権法上での例外を除き禁じられています。
購入者以外の第三者による本書の電子データ化及び電子書籍化は，いかなる場合も認めていません。
落丁・乱丁はお取替えいたします。